MANUEL

DE

L'ARBORISTE.

MANUEL

DE
L'ARBORISTE
ET DU
FORESTIER
BELGIQUES;

Par M. le Baron DE POEDERLÉ,

De la Société Royale d'Agriculture de Paris.

SECONDE ÉDITION,

Augmentée de plusieurs Articles curieux & soigneusement corrigée par l'Auteur.

TOME PREMIER.

A BRUXELLES,

Chez EMMANUEL FLON, Imprimeur-Libraire, rue des Fripiers.

M. DCC. LXXXVIII.

AVANT-PROPOS.

L'ACCUEIL favorable que le Public a paru faire au Manuel de l'Arboriste, nous a engagé à en donner une nouvelle édition, la première étant entièrement épuisée, nous avons pris à tâche de la revoir, de la corriger et même de l'augmenter; c'est ce travail que nous avons évité de rendre trop prolixe (parce que la prolixité détourne souvent le plus grand nombre des lecteurs) que nous lui présentons aujourd'hni, et dans lequel nous avons fait entrer tout ce qui pouvoit intéresser ceux qui savent s'occuper utilement et avec goût de l'embellissement de leurs terres, et qui peuvent ignorer ce que nous avons entrepris d'y traiter, d'autant plus que des occupations plus essentielles empêchent les uns, et le défaut d'aisance les autres de pouvoir consulter les livres qui traitent en grand de ces sortes de matières. Nous nous sommes fait un devoir de remplir le vide qui pouvoit se trouver à certains articles, sur-tout à ceux des arbres exotiques et fruitiers; les uns et les autres ont plusieurs espèces ou variétés estimables que nous avons voulu faire connoître, de même que leur climat originaire, parce que cette connoissance peut donner les indications du sol et de la situation les plus conformes au pays d'où ils viennent, et où l'on doit chercher à les placer dans celui-ci; c'est en suivant ces vues qu'on pourra parvenir à acclimater les arbres, qui, au premier coup d'œil, paroissent s'opposer à cette naturalisation; l'exemple de nos fruits à noyau en est une preuve. La plupart viennent des contrées chaudes de l'Asie, et où le sol est léger; aussi c'est dans de pareilles terres et à l'abri des vents froids qu'ils se plaisent le mieux dans notre climat, où, comme ailleurs, le froid et le chaud, l'humidité et la sécheresse dépendent le plus souvent de la configuration et de la nature du terrein que de la latitude (1).

Nous avons tâché de faire connoître les arbres, arbrisseaux et arbustes, tant indigènes qu'exotiques et à fruits (pour autant qu'il nous a été possible) sous les différens noms qu'ils ont en François, Latin, Flamand, Wallon, Anglois et Hollandois, particulièrement les espèces et variétés du *Poirier*

____

(1) Voyez les raisonnemens judicieux qui se trouvent dans le *Cours complet d'Agriculture*, sur-tout aux mots *Agriculture*, *Abri*, *Climat*, *Défrichement*, *Olivier*, etc.

A 2

et du *Pommier*, leurs fruits étant très-salutaires et de la plus grande ressource, pendant la moitié de l'année, pour le peuple, qui fait toujours la masse principale d'une nation, et qu'on perd de vue trop souvent : nous avons aussi augmenté certains articles, qui pourront répandre quelqu'intérêt du côté de l'utilité et de l'agrément, nous en avons fait encore entrer de nouveaux, dont nous n'avions dit mot dans notre première édition. Enfin nous nous sommes étendus, à chaque fois qu'il nous a paru nécessaire, sur les objets les plus susceptibles de réunir le goût utile au goût agréable. Nous osons espérer que toutes ces augmentations feront plaisir aux personnes qui pouvoient les ignorer ; (car nous n'avons pas écrit pour les autres, c'est un aveu que nous avons même eu plus d'une fois occasion de faire) d'ailleurs nous n'avons parlé qu'après notre expérience, celle de quelques amis et de quelques savans correspondans, avec lesquels nous sommes, depuis plusieurs années en liaison; hors ces cas, les meilleurs auteurs nous ont servi de guides, et leurs ouvrages nous ont quelquefois fourni de bons extraits. Nous avons cherché, en nous amusant, à répandre quelques lumières sur la science dendrologique, sans prétendre d'y avoir réussi; si nous avons eu ce bonheur, nous nous estimerons amplement dédommagés de l'emploi de notre tems pour ce genre de travail.

MANUEL
DE L'ARBORISTE
ET
DU FORESTIER
BELGIQUES.

CHAPITRE PREMIER.

De l'avantage des Bois & des Plantations.

PLUSIEURS savans Cultivateurs s'étonnent tous les jours de voir la négligence où l'on est, dans plusieurs cantons, sur l'entretien des bois, et sur les plantations en général; ils ont raison. Tout homme qui veille à ses intérêts en père de famille, comme j'en connois, gémit de voir la dégradation des bois

A 4

et forêts de certains Seigneurs et particuliers. D'où cela vient-il ? La cause en est palpable, et ne peut être attribuée qu'à la vie molle et dissipée qu'on mène aujourd'hui ; elle conduit à tant de besoin, qu'on perd de vue ses intérêts, le luxe, généralement répandu, empêche même un intendant ou un receveur de vivre à la campagne, où ils auroient sous leurs yeux les intérêts de leur maître : le maître se repose souvent sur eux ; ceux-ci se reposent sur les gardes, qui, la plupart du tems, s'entendent avec les paysans, ou les craignent, et les choses prenant cette tournure, le dérangement et même la ruine des maisons en deviennent inévitables. Heureux les Seigneurs, tels que j'en connois, qui, malgré les devoirs de leurs emplois, et le rang distingué qu'ils occupent dans la société, veulent bien se mettre au niveau des moindres particuliers, et entrer dans les plus petits détails ! Que ne sont-ils moins rares ! Le bien que de tels exemples procureroient, seroit d'une grande ressource pour les familles et même pour l'état ; les bois, mieux entretenus, seroient bien garnis et moins rares, les endroits vagues seroient

plantés, une économie bien entendue empê-
cheroit les défrichemens des bois, qu'aujour-
d'hui on réduit presque par-tout en terres
labourables, parce qu'on n'envisage que le
présent; les forêts se dégradent, le prix du
bois augmente, sur-tout à cause des grands
défrichemens de plusieurs bois, et d'une consommation qui excède de beaucoup la répro-
duction; la nation et le peuple spécialement,
s'en ressentent et en souffrent : on le voit, on
en convient, et des loix sages, dont l'exécu-
tion seroit surveillée avec vigilance, n'en ar-
rêtent cependant pas encore la cause. Plusieurs
Abbayes se relâchent aussi, et leurs bois, si
bien garnis autrefois, ne présentent plus, dans
plusieurs cantons, que des arbres mal *élagués*,
rabougris, et presque tous *étiolés*, les taillis
sont remplis de *clairières*; en un mot, la ma-
nie des défrichemens gagne les moines comme
les particuliers; car ce ne sont plus ces zélés
cultivateurs des siècles derniers, à l'honneur
desquels on peut dire qu'ils furent eux-mêmes
les ouvriers des grandes fortunes qu'on envie
à présent à leurs successeurs. Il en est cependant qui ont des bois et des plantations

tenus dans le meilleur état, et qui font un vrai plaisir aux amateurs qui les parcourent. Il en est de même de la forêt de Sogne, qui a heureusement changé de face dans quelques parties, et qui en change encore tous les jours, par les soins de Mrs. les Directeurs actuels ; mais lorsqu'on veut voir dans ce pays des forêts qui réunissent les agrémens de la chasse et de la promenade, on doit parcourir celle du Duc d'Aremberg, près de Louvain, où les routes pour la chasse, les points de vue, les échappées, etc. ont été saisis avec beaucoup de goût, et font un ensemble des plus agréables, par la variété que le philosophe, le cultivateur, le chasseur et les Dames même y rencontrent ; on ne doit pas moins admirer celles du Duc de Croy, près de Condé ; du Prince de Ligne, à Beloeil, etc. mais surtout celle du premier, où les chênes et autres arbres sont d'une beauté peu commune, et où se trouvent, dans un génie différent, les mêmes agrémens pour la chasse et pour la promenade, que ceux des forêts dont je viens de parler, et auxquels ceux-ci ne doivent point céder.

Qu'on ne croie pas cependant que j'aie eu en vue ces propriétaires ou ces vrais pères de famille, dont l'exemple n'a point encore pu persuader ces gens qui ne voient que le présent dans tous ce qu'ils font, ou qui s'intéresssent peu au bien général et particulier. J'écris pour encourager généralement la partie des bois et forêts, et celle des plantations d'arbres du pays et étrangers; car tous nos projets sur les bois et plantations, doivent se réduire à conserver ce qui nous reste, et à renouveller une partie de ce que nous avons détruit.

Cette conservation et ce renouvellement sont de la plus grande nécessité; Mrs. Thouin et de Saint-Pierre (l'un dans le commencement de son excellent *Mémoire sur les avantages de la culture des arbres étrangers*, et l'autre dans ses *Etudes de la nature*, pag. 354 et 355) l'ont démontré avec l'évidence la plus judicieuse.

Les bons cultivateurs se sont souvent étonnés de voir qu'on s'attachoit de préférence à une espèce d'arbre, parce que c'étoit le goût ou la mode du moment; il semble que ce

mauvais raisonnement diminue et fait place à
de plus sages réflexions, qui ne doivent tendre qu'à nous faire revenir d'une pratique aussi
mal entendue. On consulte mieux qu'autrefois
le sol et les arbres dont le débit sera le plus
sûr et le plus avantageux. Par exemple, les
plus utiles à planter dans nos possessions sont
l'*Orme*, le *Frêne*, l'*Erable*, dit *Sycomore*, le
Platane, le *Peuplier blanc à grandes*, et sur-
tout *à petites feuilles*, le *Peuplier noir du pays*,
celui du *Canada*, le *Mélèse*, etc. Ainsi tel
arbre rendra en cet endroit, et tel autre en
celui-là : dès qu'on se sera persuadé de cette
vérité, on cultivera indistinctement tous les
arbres, pour autant que le sol le permettra,
et pour lors on ne verra non-seulement des
Ormes, des *Peupliers d'Italie*, etc. mais encore des plantations de toute espèce d'arbres
indigènes et exotiques, dont on reconnoîtra
l'utilité et l'agrément.

Car pourquoi abandonner, comme on l'a fait,
les *Peupliers*, les *Frênes*, les *Châtaigniers*, les
Tilleuls, etc. pour ne s'attacher qu'aux *Ormes?*
Le *Frêne*, quoique recherché par les charrons,
devient fort rare; cependant la préférence que

l'étranger a toujours donné à notre charronnage, devroit bien nous corriger, et nous
faire revenir d'un pareil abandon par les exemples que nous en avons; mais la dissipation
dans laquelle nous vivons, absorbe toute ré-
flexion; nous ne pouvons suffire à tout, et
nos besoins frivoles sont si multipliés, que
nous ne trouvons pas l'instant de veiller à
nos intérêts. Revenons donc de notre erreur,
et consultons un peu mieux ce qui nous est
le plus utile, de crainte qu'entraînés par un
luxe immodéré, nous n'éprouvions ces révolutions funestes, qui ont réduit au néant ces
empires, qui, après avoir été vainqueurs de
tant de peuples divers, furent à leur tour
vaincus et détruits. Evitons de réaliser ce qui
peut arriver, si nous continuons à donner
tête baissée dans ces appas de luxe, tout à
la fois séduisans et destructifs. L'antiquité ne
nous en présente que trop d'exemples fâcheux
dans les révolutions qu'éprouvèrent les Grecs
et les Romains. Je ne veux point m'arrêter
davantage sur cette matière, je la laisse à
discuter aux politiques, qui sauront mieux que
moi en tirer parti, et en prévenir les excès.

Mes vues ne tendent ici qu'à l'encourage-
ment de la conservation et de l'entretien des
forêts et de toute plantation quelconque, dont
l'importance a presque toujours été regardée
comme le bien propre de l'état. Enfin le
bois, cette matière si précieuse et si nécessaire à tous les usages de la vie, a été jusqu'à
ces jours très-abondant dans nos provinces,
jusqu'à ce que l'augmentation de la population, et la cupidité des particuliers, même
des communautés, l'ont diminué par les dé-
gradations, les défrichemens et les abattis ar-
bitraires, ou en préférant de mettre leurs bois
en coupes réglées de taillis, à l'avantage de
conserver les futaies. Aussi est-il de la plus
grande importance d'augmenter les bois au
lieu de les détruire, comme l'on fait, dans
un tems sur-tout où sa cherté se fait déja sentir,
et où les effets de sa rareté ne tarderont point
à produire d'autres inconvéniens; mais il est,
à présumer que notre Gouvernement obviera,
par la sagesse de ses dispositions, aux suites fâ-
cheuses qui résulteroient de cette contagion;
et pour lors la crainte qui nous inquiette
sera dissipée.

CHAPITRE II.

Des Pépinières.

TOUT cultivateur, qui est dans le cas de faire de grandes plantations, et qui connoit vraiment ses intérêts, consulte le sol où il doit les faire, et juge des arbres qui y croîtront avec plus de succès, et dont il pourra dans la suite tirer le plus de profit : toutes ces mesures bien prises, il commencera par former des pépinières à portée des endroits où il veut planter ; il choisira pour cet effet une terre qui ne sera ni trop grasse, ni trop maigre : au reste, il n'y a pas de danger que ce sol soit d'une qualité inférieure à celui où on transplantera les jeunes sujets ; il doit défendre de les fumer, l'engrais donne trop de vigueur aux arbres, les racines sont foibles, et souvent les vers blancs s'y attachent et les détruisent entièrement ; l'arbre périt dans la pépinière ou à la transplantation, sur-tout si le terrein dans lequel on le plante, est inférieur à celui où il a été élevé ; inconvénient

qu'on ne peut guères éviter, en tirant les arbres des pépinières marchandes, où on ne
cherche qu'à avoir des arbres qui puissent être
vendus en peu de tems, les pépinièristes s'in-
quiétant peu du sort qu'ils éprouveront dans
la suite ; d'ailleurs le trajet est quelquefois
grand, les arbres en souffrent; souvent aussi
sont-ils mal emballés, et arrivent en mauvais état ; on les plante, la plantation manque, et on perd ainsi une ou deux années,
qui font un objet considérable. Plus on envisage ces motifs, plus ils persuadent pour
se déterminer à former des pépinières; aussi
voyons-nous avec plaisir, que tous les Seigneurs et particuliers, même les communautés qui se vouent à cette branche d'agriculture, débutent par établir dans leurs biens des
pépinières d'arbres du pays et d'arbres étrangers : je pourrois les nommer, mais les bornes que je me suis prescrites ne me le permettent point; il suffit que les preuves en
existent, et que, pour peu qu'on veuille
parcourir nos provinces, on se convaincra
de ce que je viens de dire. Il y a réellement
un avantage à former des pépinières, d'au-

tant

tant qu'on peut encore vendre tous les ans le superflu qui s'y trouve, & se dédommager par-là des frais qu'on est obligé d'y faire annuellement. Tout bien réfléchi, un propriétaire qui n'en a point, ne peut trop se hâter d'en établir dans son domaine, et celui qui en a ne peut assez veiller à leur entretien et à les tenir sur un bon pied; le bien général et particulier qui en résultera, est trop réel pour s'en écarter.

Il est à propos de recommander dans cet article, d'arracher les petits arbres des semis ou des forêts, pendant l'automne, pour les met. en pépinière ; cet *arrachis* doit se faire dès qu'ils ont quitté leurs feuilles : pour éviter d'endommager leurs racines, en les arrachant; on peut attendre que la terre soit assez pénétrée d'eau, ce qui n'est guères difficile à rencontrer dans ce pays, où la pluie n'est point rare. Je connois par expérience le risque qu'on court en faisant une telle plantation au printems, et, quoiqu'assez généralement on excepte de cette règle les arbres qui conservent leurs feuilles pendant toute l'année, et ceux qui craignent les fortes gelées d'hiver, avec

Tome I.   B

les précautions que je fais prendre, ainsi qu'on le verra au chapitre V; on plante ceux-ci également dès la fin d'octobre ou le commencement de novembre. Dans une pépinière, où l'on doit élever plusieurs espèces d'arbres, on ne doit point les confondre, et chaque espèce doit avoir une planche particulière, d'autant que certaines espèces croissent plus lentement que d'autres, et doivent rester plus long-tems en place, et qu'étant plus foibles, elles sont étouffées par celles qui poussent avec plus de force.

On doit encore étudier, en les plantant en pépinière, de les mettre à une distance proportionnée à la qualité de l'arbre qu'on plante. Tout arbre de semis doit être arraché à deux ans, et, pour les planter à demeure, on doit attendre que leurs tiges aient sept, huit ou neuf pouces de circonférence sur huit, neuf ou dix pieds de hauteur.

On doit visiter les pépinières depuis le mois de juillet jusqu'à la mi-septembre, pour retrancher les branches gourmandes, et arrêter celles qui prennent trop de force, sans couper toutes les branches latérales, à mesure qu'elles paroissent, comme il y en a qui le font : ces arbres pour lors peuvent être comparés à de longues houssines. Les *Pins* et *Sapins* sur-tout dépérissent sensiblement lorsqu'on leur retranche à la fois plusieurs branches ; de plus, il est très-bien prouvé que les arbres ne poussent en racines, qu'en proportion des branches dont ils sont pourvus.

Lorsqu'on est dans le cas de tirer des arbres des pépinières marchandes, on fera très-bien d'examiner si un arbre est droit, d'une belle tige, d'une écorce unie et claire, sans aucune mousse, s'il a des racines bien garnies et bien chevelues, s'il est bien arraché, sans être éclaté ni offensé dans les grosses racines : mais s'il étoit tortu, bas, rabougri, d'une écorce galeuse et pleine de mousse, qu'il eût les racines rompues ou éclatées, ou bien trop dégarnies de chevelu, il ne vaut rien, et on doit le rebuter. Cette première observation est la plus essentielle de toutes, et tient lieu de règle générale pour toutes les plantes imaginables.

La seconde est de prendre les arbres dans

un terrein plus mauvais que celui où on veut les planter.

La troisième est de ne point s'arrêter à leur grosseur ; car un arbre d'une grosseur médiocre vaut mieux que tous les gros que l'on recherche avec tant d'empressement ; l'on est aussi plus assuré de sa reprise, quand il a environ six à sept pouces de tour, que quand il est si fort.

Plusieurs cultivateurs ont assez d'expérience par eux-mêmes, pour se passer de tout conseil : je n'écris point pour ceux-là, mais seulement pour ceux qui ignorent entièrement les méthodes que je donne ici.

CHAPITRE III.

De la multiplication des arbres par les semences, marcottes & boutures.

LA première voie de multiplier les arbres est par les semences, et, en suivant l'ordre de la nature, la vraie saison pour les mettre en terre, est l'automne pour le gland, la châtaigne, la faïne, etc. d'autant qu'elles ont acquis pour lors leur parfaite maturité, et qu'au printems suivant elles lèvent plutôt que celles qu'on n'auroit semé qu'en mars ; c'est ainsi qu'en avril ou mai on doit semer la graine des *Pins*, *Sapins*, etc. parce que leurs cônes ne s'ouvrent qu'en mars et avril, et la graine d'*Orme* en mai, tems de sa parfaite maturité. Malgré ce que je viens de dire, il est, dans cette pratique comme dans bien d'autres, des circonstances où l'on doit s'écarter des loix de la nature : en effet, on doit suivre une toute autre voie à l'égard des graines rares, ou de celles qu'on reçoit de loin ; lors-

B 3

qu'elles arrivent au printems, on doit les faire tremper un ou deux jours avant de les semer, ensuite mettre les terrines ou pots, dans lesquelles elles seront semées, sur des couches chaudes; si on les reçoit en été, on ne doit point les tremper dans l'eau; on doit au contraire mettre les baquets ou les pots dans un lieu frais. On s'écarte de la route naturelle à l'égard de certaines semences d'arbres du pays, tels que les *Chênes*, *Hêtres*, etc. qu'on conserve pendant l'hiver dans le sable, pour les semer ou planter au printems suivant, avec la précaution cependant de conserver dans du sable bien sec celles qui ont une grande disposition à germer, ou qui lèvent promptement; celles au contraire qui sont long-tems à sortir de terre, doivent être conservées dans de la terre un peu humide.

Il est bien certain que lorsqu'on veut élever en pépinière des *Chênes*, *Hêtres*, *Noyers*, *Châtaigniers*, on doit, en les transplantant, si on veut être sûr de leur reprise, faire germer leurs semences pendant l'hiver, et au printems, avant de les planter, il faut leur rompre la radicule; ces arbres, dans la suite, auront un bel empâtement de racines, et, quand on les arrachera de la pépinière pour les planter à demeure, leur reprise sera aussi assurée que celle des arbres à racines latérales; faute de cette précaution, plusieurs plantations d'arbres à racines pivotantes échouent, sur-tout celles des *Chênes*; c'est ce qui fait encore qu'on ne trouve presque point dans ce pays des *Pêchers* greffés sur *Amandiers*, parce que presque tous les *Amandiers* meurent à la transplantation, ayant été semés dans la pépinière, même sans les avoir fait germer auparavant; en France, depuis que les marchands pépiniéristes ont reconnu cette erreur, on trouve dans leurs pépinières autant de *Pêchers* greffés sur *Amandier*, que sur *Prunier*, et la reprise des uns est aussi assurée que celle des autres, j'en parle par expérience : il faut donc conclure (quoiqu'en ait dit feu l'Abbé Roger) qu'on ne peut point se dispenser d'en retrancher la radicule, le germe ou pivot naissant aux arbres que je viens de nommer, lorsqu'on les élève en pépinière, dans la vue de les transplanter.

On peut encore, pour plus de sureté, dans la seconde année, arracher du semis le jeune plant d'*Orme* ou de *Mûrier*, on en coupera les pivots, et on plantera ces petits arbres en pépinière et à la cheville.

Multiplication par Bouture.

Quoique le moindre cultivateur connoisse la multiplication d'arbres par boutures, il est cependant des personnes assez peu instruites des pratiques de l'agriculture, pour en ignoter jusqu'au nom, ce seul motif m'est plus que suffisant pour en donner quelques détails.

La bouture est une menue branche de bois d'un an, quelquefois de deux ans; on la coupe en bec de flûte par les deux bouts, et on l'enfonce en terre de huit pouces, n'en laissant que quatre dehors; on les plante communément à quatre pouces, ne laissant qu'un pied d'une rangée à l'autre, pour pouvoir plus aisément leur donner de tems en tems un petit binage ou quelqu'arrosement dans le besoin; on les plante encore plus éloignées, comme à un ou deux pieds l'une de l'autre, sur-tout lorsque c'est d'une espèce d'arbre dont l'accroissement est prompt, comme le *Peuplier d'Italie*, le *Peuplier-liart* de Virginie, le *Pla-*

tane d'Occident, et bien d'autres : il est aussi de grandes boutures, qu'on nomme pour lors *plançons* ou *plantards*, qui sont des branches de huit à neuf pieds de longueur, sur neuf à dix pouces de circonférence, qu'on coupe aux têtards qui sont élevés expressément pour cela, ayant égard de choisir les branches qui ont, sur l'arbre qui les fournit, une position approchante de la perpendiculaire, et le moins de courbure possible. On les coupe par les deux bouts, de même que les petites, excepté les plantards de *Peuplier*, auxquels on doit laisser l'extrémité supérieure dans son entier, et même lui ménager quelques menues branches. Il y a des arbres qui réussissent difficilement par la voie des boutures, et qui n'ont du succès qu'autant qu'on leur apporte quelques précautions en les plantaht : ces précautions seront d'entamer un peu sur la branche qui porte celles dont on veut faire des boutures, de faire des ligaturés pour occasionner des bourrelets, de les planter dans des couches sourdes ou vieilles couches à melons, ou de suivre une méthode que j'ai vu éprouver avec succès, pour gagner par bouture tel arbre qu'on voudra (quoiqu'il y ait encore des circonstances où elle manque). On prendra donc une branche de *Saule* ou d'*Osier*, dans le milieu de laquelle on fera une entaille, pour y faire entrer la bouture de l'arbre qu'on veut gagner, prenant bien garde de ne point froisser le bout de la bouture, en l'enfonçant dans l'entaille; il est encore à observer que le bout de la bouture ne doit point outrepasser l'épaisseur de la branche : ces précautions prises, on place horisontalement, à quelques pouces en terre, la branche de *Saule* ou d'*Osier*, et la bouture a, comme d'ordinaire, une direction verticale.

M. le Marquis de Turgot dit, dans son mémoire sur les arbres résineux, qu'il a fait reprendre de bouture et avec succès le *Picea*, le *Mélèse*, le *Cèdre* rouge de Virginie, la *Sabine* et les *Thuya*, en les plantant dans un terrein frais, à l'exposition du nord et à l'ombre; le printems et l'automne lui ont paru également propres à cette opération.

La première année, on se contentera de les sarcler, mais avant il faut être sûr qu'elles soient bien reprises, sur-tout dans les années sèches; la seconde année, on doit leur donner quelques petits binages; la troisième ou quatrième, celles qui auront été plantées près-à-près, seront mises dans une autre pépinière, et les autres, qui sont en état, seront plantées à demeure dans les endroits qu'on leur aura destinés.

Multiplication par marcottes.

Après avoir parlé de la multiplication des arbres par les semences et par les boutures, je vais parler des moyens dont on se sert pour multiplier les arbres qui se refusent aux deux voies que je viens d'indiquer; ce moyen, qui est d'une ressource fort avantageuse, est de les multiplier par les marcottes, c'est-à-dire de coucher leurs branches en terre, où elles poussent des racines, les unes plutôt, les autres plus tard; méthode très-prompte pour garnir, en peu de tems, les pépinières d'*Ormes*, de *Tilleuls*, de *Platanes*, de *Tulipiers*, etc. et en même tems préférable à toute autre, en ce qu'elle donne l'espèce constante et sans variété : cette méthode est très-connue, d'autant que c'est la voie la plus courte pour multiplier les *Ormes*, qui sont devenus si communs par-tout, qu'on ne voit presque point d'autres plantations. Je m'en suis toujours servi avec succès, et je suis parvenu, par cette voie, à multiplier un grand nombre d'arbres, dont je n'avois que quelques individus. Le Marquis de Turgot a fait reprendre de marcottes, toutes les espèces de *Picea* et de *Genèvriers*, le *Pin* de Weymouth, le *Cèdre* du Liban, les *Mélèses*, les *Cyprès*, les *Thuya*.

Les pépinièristes anglois multiplient tous les arbres par marcottes, ils font, au mois de juin, une petite entaille aux branches des arbres-méres, et y placent un petit brin de bois pour la tenir levée en partie, ils couchent ces branches contre terre, lés y tiennent assujetties, au moyen du crochet, et leur mettent de la terre par-dessus. Un cultivateur de mes amis m'avoit déja fait part, avant que je connusse cette pratique, d'un essai qu'il avoit fait avec succès, pour multiplier, par marcottes, tout arbre quelconque, et sa méthode étoit de coucher dans les mois de mai et de juin, les jeunes pousses de l'arbre qu'il desti-

noit à cette opération ; il sévroit ces marcottes avant ou après l'hiver. J'invite les amateurs à répéter plus d'une fois ces sortes d'essais ; car c'est en tentant et en réitérant différentes épreuves qu'on en découvre d'autres,
et qu'on enrichit de plus en plus le premier,
le plus ancien et le plus noble des états.

Multiplication par les drageons enracinés ou surgeons.

Je ne puis me dispenser de donner une
idée du secours qu'on a encore, pour multiplier les arbres, par drageons enracinés ou
rejets (qui poussent au pied de certaines espèces d'arbres) et qu'on emploie avantageusement, en les élevant en pépinière : c'est un
moyen dont on se sert tous les jours, et qui
est réellement d'une grande ressource. Ces rejets, arrachés et cultivés en pépinière, pendant quelques années, font de beaux arbres,
et sont en état en peu de tems d'être plantés à
demeure. Etant à Montbar en Bourgogne, j'ai
vu multiplier, dans les belles pépinières de
Mr. d'Aubenton, le *Fagara* ou *Frêne épineux*,
en plantant les racines qu'on retranchoit à un

pied d'arbre de cette espèce : d'autres curieux, pour engager un arbre, qui, de sa nature, devroit donner des rejets, lui cherchent une racine très-près de la superficie de la terre, et y font une plaie, que l'on recouvre d'un peu de terre légère, on a, par cette méthode, le plaisir d'y voir paroître des jets, et d'en tirer parti : Mr. Durande vient aussi de nous rappeller un moyen facile de reproduire et de propager les arbres exotiques, difficiles à multiplier ; et principalement les arbres dioïques, dont on ne possède que l'individu mâle ou l'individu femelle ; il s'agit de couper une racine de l'arbre, de la placer dans de bon terreau, sur une couche bien échauffée ; ayant grand soin de la couvrir d'un chassis, pour lui conserver de la fraicheur et la garantir du trop grand soleil.

Quelques marchands d'arbres anglois, françois et hollandois m'ont souvent fait un mystère de différentes pratiques qu'ils avoient pour multiplier les arbres ; mais, ensuite de celles que je viens de rapporter, j'ai vu (d'après la lecture que j'ai faite d'un ouvrage intitulé : *l'Agriculture parfaite*, *etc.* par Mr. G. R. Agricola) qu'elles devoient être tirées du grand nombre de celles rapportées par l'auteur dont je viens de parler.

De la multiplication par la greffe.

Quoique les moyens de multiplier les espèces d'arbres ou leurs variétés par la greffe, soient connus, et que les cultivateurs sachent que les greffes ne reprennent que sur des arbres qui ont avec elles une certaine analogie; il en est beaucoup cependant, qui, malgré le grand usage qu'on en fait pour les arbres fruitiers, ignorent celui qu'on en peut faire pour les arbres forestiers, dont on s'est servi, et dont on se sert encore tous les jours fort avantageusement en Angleterre et en France, pour multiplier les arbres étrangers, qu'on auroit eu peine à gagner sans le secours de la greffe. Depuis que ce goût commence à se répandre dans ce pays, on la met aussi en pratique, au lieu qu'avant on ne la connoissoit que dans les jardins fruitiers : cette méthode cependant n'est encore guère connue, et il m'est arrivé que des ouvriers à qui je disois de greffer tel arbre forestier, me regardoient avec étonnement, comme pour me dire : mais cela seroit-il possible ? aussi dès qu'ils s'en étoient convaincus, ils greffoient aussi heureusement les arbres des forêts que ceux des jardins : c'eft en cela, comme en toute autre chose; le préjugé levé, on fait des progrès.

De cette manière on multiplie les arbres étrangers & rares, sur ceux du pays, qui leur sont analogues : en en tirant ainsi de l'étranger pour en avoir des greffes ou écussons, je suis parvenu, par cette pratique, à multiplier les arbres que je voyois réussir dans notre climat.

Je vais terminer ce chapitre par quelques observations sur les principales greffes : celle *en écusson à œil poussant* ne doit pas être négligée, puisqu'elle avance les arbres, tant fruitiers que forestiers, d'une année : on l'employe depuis le commencement de mai jusques vers la fin de juin. Celle *en écusson à œil dormant* se pratique depuis la mi-juillet jusqu'à la mi-septembre, ayant égard au tems ; car les pluies, les chaleurs trop vives et les grandes sécheresses lui sont contraires.

On

On préfère ces deux greffes pour les jeunes arbres, d'autant qu'on gagne une année et qu'il suffit que le sujet ait acquis la grosseur du doigt à l'endroit de la greffe, au lieu que pour celle en fente il faut la grosseur du pouce. La greffe *à œil pouffant* est en usage pour les *Cerisiers*, les *Pruniers*, les *Poiriers* et les *Pommiers* aussi, cependant avec un peu moins de succès : on s'en sert encore pour les *Châtaigniers*. La greffe *à œil dormant* ne se fait pas autrement que la précédente, si ce n'est qu'on n'étête point d'abord le sujet greffé, et qu'on aime mieux qu'il ait moins de sève que trop, c'est pourquoi on commence par greffer les arbres qui ne gardent pas leur sève si tard que les autres, quoiqu'il soit bon d'observer que le tems de greffer en général avance ou retarde suivant la qualité du terrein, et l'année plus ou moins chaude.

Mr. Cabanis conseille, dans son *Essai sur la greffe* et d'après son expérience, de tourner par préférence les écussons au midi et au couchant, d'autant que les vents orageux qui viennent de ces rumbs, ne peuvent point donner la même prise au décolement de la pousse que s'ils étoient placés autrement, et que d'ailleurs la branche écussonnée, et qu'on doit abattre au-dessus de la greffe et en bec de flûte, doit être tournée du côté du nord ou du levant.

La *greffe en sifflet*, *flûte* ou *flûteau* se fait au commencement de la première sève; et voici comme elle se fait à présent, et avec un succès plus certain, ainsi que je l'ai fait faire d'après un auteur moderne : au lieu d'enlever le tuyau du sauvageon, on en fend l'écorce par bandes, on recouvre le tuyau franc avec ces lanières, laissant seulement l'œil découvert, et on les lie avec du fil ou du chanvre : si la greffe est trop étroite pour le sujet, on peut amenuiser le sujet du côté opposé à celui où l'œil de la greffe sera placé, ou fendre le sifflet suivant la longueur du côté opposé à l'œil, le mettre en place et remplir le défaut avec une bande d'écorce du sujet. Si au contraire le flûteau est trop large, on le fend de même, on le met en place, et on en retranche une bande; dans ces deux cas il faut lier la greffe, afin qu'elle soit bien appliquée sur le sujet.

La *greffe en fente* commence à la mi-avril,

et peut se continuer jusqu'au vingt de mai,
quand même les arbres seroient en feuilles
ou en fleurs, et qu'il y auroit des fruits formés; la sève alors est en plein mouvement,
et c'est ce qu'il faut pour assurer la réussite
de cette greffe, comme celle de toutes les autres, et la rendre immanquable, malgré le
préjugé et l'usage contraire de la plupart des
jardiniers.

La *greffe en couronne* se fait en séparant en
plusieurs endroits, à trois ou quatre pouces
de distance, l'écorce d'avec le bois, autour
de la tige sciée et rafraîchie avec la serpette;
on y introduit un petit coin de bois dur, plat
d'un côté et arrondi de l'autre, aiguisé par
un bout, qui fait la place des petits rameaux
qu'on veut y placer, après les avoir applatis
en bec de flûte bien allongé, du côté seulement qu'on applique contre le bois de l'arbre,
et qu'on enfonce jusqu'au premier œil, pro-
portionnément aux ouvertures. Si l'écorce se
fend en insérant le coin ou les rameaux, on
y mettra un lien pour le rapprocher et main-
tenir, et par-dessus le tout, la pelotte de
terre grasse.

C 2

Quoique la *greffe en approche* soit peu en usage, on l'emploie avec succès pour les différentes espèces de *Chênes* étrangers et autres arbres ou arbustes, ainsi que je l'ai vu pratiquer, sur-tout en Angleterre; on s'en sert aussi pour les *Orangers* : elle se fait au mois de mai, comme la plus grande partie des autres, quand l'écorce se détache aisément : cette greffe se fait en approchant une branche du jeune sujet qu'on veut multiplier, de la branche ou de la tige de celui qu'on veut greffer, en les entaillant un peu l'une et l'autre et les serrant fortement.

Voilà les greffes qui sont le plus en usage et auxquelles les amateurs peuvent se borner, non-seulement pour les arbres à fruits, mais aussi pour ceux des forêts et de toute espèce exotique.

Je finis par observer qu'on trouve dans le *Lin-pé*, que les anciens Chinois faisoient des entes pour augmenter la beauté des bois, autant que pour augmenter celle des fruits; les missionnaires de Pékin avouent, dans les mémoires d'où j'ai tiré ce fait, qu'on gagneroit beaucoup à revenir sur cette pratique, dont les essais ne peuvent qu'être utiles et même curieux ; ce sera ainsi que le bois du *Châtaignier*, enté sur le *Noyer*, sera devenu d'une singulière beauté ; et surement que l'es-pèce ou variété de *Châtaignier*, qu'on trouve en Chine, dont les fruits approchent de la noix par leur saveur, et dont on peut, à ce qu'on dit, tirer de l'huile, provient d'entes originairement faites sur des *Noyers*.

CHAPITRE IV.

De la Culture & des soins qu'on doit avoir des jeunes arbres en pépinière.

DANS le grand nombre de pépinières qu'on voit aujourd'hui, on en rencontre peu qui soient bien tenues ; les unes sont remplies d'herbes, les autres ont des arbres très-mal élagués, en un mot, l'ensemble est dans un désordre qui en éloigne très-souvent l'acheteur : cette négligence d'apporter les soins convenables aux pépinières, règne même parmi ces gens, qui, pour éviter une dépense idéale, en font naître une réelle, et quelquefois même considérable ; au lieu qu'on ne peut guère se dispenser de faire donner par an, deux ou trois labours à la pépinière, le premier en mai ou en juin, le second en juillet ou en août, et le troisième en septembre ou dans les premiers jours d'octobre : ce sont d'ailleurs les circonstances et la nature du terrein, qui doivent déterminer à en faire plus ou moins. Ces labours doivent se faire avec précautions, et c'est au jardinier, qui conduit la pépinière, à veiller à ce que les racines des arbres n'en soient endommagées.

On n'est pas moins négligent dans la taille des arbres, et souvent, en parcourant des pépinières, j'ai comparé les arbres qui y étoient à de longues houssines ; ce qui doit arriver ainsi, lorsqu'on retranche aux arbres toutes leurs branches latérales à mesure qu'elles paroissent, et cela dans la vue de leur former promptement le tronc. Un propriétaire ne sauroit assez veiller aux ouvriers qu'il emploie, ou du moins ne peut être trop délicat dans le choix qu'il fera d'un jardinier-pépniériste, aussi expérimenté dans la taille des arbres forestiers, que dans celle des arbres fruitiers ; il doit avoir soin qu'on ne retranche à ses arbres les branches latérales, que peu à peu, excepté les branches gourmandes, qu'on doit couper en entier, et au ras du tronc ; de faire arrêter celles qui, quoique non gourmandes, prennent trop de force en leur coupant l'extrémité ; portant sur-tout son attention à faire bien diriger la cime de l'arbre ; il doit encore être attentif à éviter que deux branches aussi

C 4

vigoureuses l'une que l'autre, ne fassent un fourchet, ce qui rendroit l'arbre courbe quand on viendroit à retrancher une de ces branches : dans ce cas d'égalité de deux branches, on doit en couper une à six pouces de sa longueur, et lier l'autre branche à ce chicot, pour lors, quand la branche conservée a repris es ligne perpendiculaire, on coupe entièrement le chicot. On peut quelquefois éviter de faire un pareil lien, en entortillant l'une sur l'autre les deux branches qui forment un fourchet.

Les branches latérales, qu'on aura arrêtées par le bout, comme je viens de dire plus haut, doivent être retranchées peu à peu, quoiqu'en ne les coupant pas, elles seront toujours étouffées par les branches supérieures, qui forment beaucoup d'ombre ; parce que, dans les pépinières, les arbres sont peu éloignés les uns des autres.

Il est sur-tout très-important de ne retrancher que peu à peu les branches latérales aux arbres qui ne poussent point leurs feuilles, tels que les *Pins*, les *Sapins*, sans quoi ils dépérissent sensiblement.

La visite des pépinières, pour retrancher les branches gourmandes, et arrêter celles qui prennent trop de force, ou qui sont mal placées, ainsi que je viens de l'expliquer, doit se faire depuis le commencement de juillet, jusqu'à la mi-septembre, et lorsqu'on veut avoir des arbres d'une belle venue, voici une pratique que je tiens d'un vieux cultivateur, qui me la donna autrefois, et dont les essais ont répondu complettement à mon attente : pratique applicable aux *Tilleuls*, *Erables-planes*, *Sycomores*, *Mûriers*, *etc.* et qui ne consiste qu'à retrancher à ces arbres, de deux ans l'un, dans les mois de juin et de septembre, les branches latérales, ou à les leur pincer à deux ou trois pouces du tronc, et jamais à ras : cette méthode leur fait prendre une direction perpendiculaire, et leur forme un beau tronc. Je l'emploie avec tant de succès, dans mes pépinières, que des jardiniers, qui virent mes arbres ainsi tenus, dans le tems que les leurs se courboient ou prenoient une toute autre direction, offrirent de l'argent au mien, pour connoître cette pratique, qu'ils disoient ignorer. J'ai connu un cultivateur, qui élevoit de même ses *Châatigniers*, et dont le succès lui étoit très-avantageux : je désire que ceux qui l'ignorent en fassent usage dans leurs pépinières.

CHAPITRE V.

De la saison propre à la plantation, sur-tout de certaines espèces d'arbres; de la façon de les planter, les entretenir et les élaguer.

LA saison la plus avantageuse à la plantation est l'automne, d'autant que l'évaporation de l'humidité est moindre dans cette saison qu'en toute autre, et que dans certains hivers doux et pluvieux, les arbres produisent des racines chevelues, qui par-là sont, au printems, en état de faire sur le champ de nouvelles productions. Il faut donc, dès que les feuilles sont tombées, commencer à planter, ayant cependant égard au tems et au sol. L'automne aura-t-elle été sèche? il faut en profiter pour les plantations qu'on aura à faire dans les terres qui retiennent l'eau, dans les glaises, dans les terres argilleuses, spongieuses, etc. et au contraire, l'automne a-t-elle été humide, pluvieuse, et qu'on ait à planter dans des terreins pareils à ceux que je viens de nommer? il en faudra différer la plantation jusqu'au printems, ou jusqu'au tems que la terre sera suffisamment séchée. On doit éviter de planter en automne les arbres que les fortes gelées d'hiver pourroient offenser, sur-tout les arbres qui ne quittent pas leurs feuilles.

Je fais cependant planter tous les ans, avec succès, des grands arbres et des jeunes, même des *Mélèses*, *Pins*, *Cèdres rouges* de Virginie, etc. mais ces plantations se font, ou sous mes yeux, ou par des planteurs sur lesquels je peux compter ; l'essentiel est de ménager les racines aux arbres qu'on lève de terre pour planter, de les conserver de la plus grande longueur, de retenir de la terre autour le plus qu'il est possible, et de les replanter promptement : quant aux jeunes arbres fruitiers ou forestiers, résineux toujours verds, ou qui ne quittent point leurs feuilles, je les fais lever en motte ; si le sol est trop léger, on détourne l'arbre autour des racines avant les gelées, et lorsque la gelée a suffisamment durci la terre, on l'enlève et on le place dans la fosse : s'il m'arrive quelquefois de faire planter en été, je fais lever les arbres en motte, et puis on tourne le pied ainsi mottelé dans une espèce de bouillie, composée de fine terre et d'eau, et enduit de cette manière, on le pose dans la fosse qu'on lui a préparée, ensuite on a soin de l'arroser chaque jour, tant qu'on est sûr de la reprise; c'est aussi la méthode qu'emploie le Sr. Musche dans le parc d'Enghien.

Lorsqu'on a de grandes plantations à faire, il faut les commencer dès la chûte des feuilles, et les continuer tant que les gelées ou les pluies ne s'y opposeront pas; si on en est empêché, on tâchera de les achever au printems, pour ne point perdre une année; ayant toutefois égard que les racines et les tiges ne se dessèchent par le hâle, qui est fort à craindre dans cette saison.

Il est des précautions à prendre en plantant; tel arbre, qui sera planté trop avant en terre, languira; tel autre, qui sera moins avant, pourra être renversé par le vent, et ses racines desséchées par le soleil, ou endommagées par les fortes gelées d'hiver : il y a en cela, comme en beaucoup d'autres circonstances, un milieu à observer : par exemple, tout arbre qui doit devenir fort grand, et qui sera exposé au vent, doit être plus enterré qu'un autre de plus petite taille ou plus abrité; sur les montagnes, côteaux et collines, on plantera plus près de la superficie, à l'exposition du nord plus qu'à celle du sud; on doit planter plus avant dans les terres légères et sèches, que dans celles qui sont fortes, compactes ou humides. On doit particulièrement observer, en plantant dans un sol sec, que la surface du terrein soit plus basse au pied des arbres; on doit y former un bassin, pour que l'eau des pluies et des neiges, s'y rassemblant, puisse humecter la terre qui environne les racines, au lieu que dans un sol humide, il faut bomber la terre en pente, pour que les eaux puissent s'écouler facilement.

Cependant on doit planter les arbres plus avant qu'ils ne l'étoient dans la pépinière, excepté les arbres greffés, ayant soin de ne point enterrer l'endroit de la greffe; le lecteur peut, à ce sujet, avoir recours au *Traité de la physique des arbres*, de feu Mr. du Hamel du Monceau.

J'ai observé souvent qu'on tomboit plus

fréquemment dans le défaut de planter trop avant, que dans celui de planter trop près de la superficie, sur-tout dans les plantations d'arbres fruitiers, qui, par-là, sont plus lents à se mettre à fruit que ceux qu'on auroit plantés moins enterrés.

Un propriétaire curieux ne sauroit donc trop veiller à faire observer ce que je viens d'exposer ; car l'erreur de plusieurs jardiniers est de planter trop profondément. Mr. de la Bretonnerie, dans son *Ecole du jardin fruitier*, ouvrage excellent et fondé sur l'expérience du lumineux auteur, dit d'avoir vu et observé que c'étoit assez d'un demi-pied de terre au-dessus des racines, généralement pour tous les arbres, d'autant qu'ils s'enfoncent encore d'eux-mêmes, excepté dans les terres légères et chaudes où on peut leur donner un peu plus de profondeur.

Il y a quelque attention à apporter aux arbres nouvellement plantés ; ces attentions sont de leur donner trois ou quatre labours, un avant l'hiver, le second au printems, et les deux autres, qui doivent être légers, pendant l'été. Les arbres, par cette culture, seront beaux, et pourront s'en passer, au bout de quelques années ; ce prompt accroissement satisfera le propriétaire, et le dédommagera des frais que cette culture lui aura occasionnés.

Un propriétaire, amateur et curieux, ne sauroit être trop délicat dans le choix d'un élagueur : je connois, par expérience, combien un habile élagueur est de ressource, et de quel avantage il est pour un homme qui a beaucoup d'arbres ; nous en avons qui nous ont rendu des avenues charmantes, qu'un élaguage mal entendu avoit presque gâtées. On ne sauroit trop se mettre en garde contre ces sortes d'ouvriers, qui, sans aucune connoissance, montent sur les arbres, les ébranchent, et les gâtent sans ressource. Une faute importante, où l'on tombe souvent, est d'abandonner aux élagueurs le bois de l'élaguage pour leur salaire. Il est donc très-important et même nécessaire, d'acquérir soi-même des connoissances, pour pouvoir juger de la capacité et du savoir des ouvriers qu'on est dans le cas d'employer : les moyens et les précautions qu'on doit prendre, pour bien savoir conduire les arbres, sont de retrancher

peu-à-peu les branches latérales , pour que le
jet principal puisse s'élever et former un beau
tronc ; si deux ou trois branches paroissent à
la fois aussi vigoureuses l'une que l'autre , on
doit ménager celle qui est la mieux placée,
et rabattre les autres, à un demi-pied du tronc;
si l'arbre a une disposition à former le fourchet , il faut en rabattre une des deux branches à la moitié de sa longueur, et la lier avec
un ozier, ou l'entortiller , pour que la principale prenne une direction perpendiculaire;
enfin , lorsqu'on est parvenu à former un
beau tronc et suffisamment élevé , relativement à chaque espèce d'arbre , on doit s'occuper à former une belle tête , en ménageant
au haut de la tige , deux ou trois branches
bien placées , qu'on laisse se charger de tous
leurs rameaux. Le grand usage , l'expérience ,
et la lecture des livres d'agriculture , plus étendus que ce petit essai , pourront étendre davantage les connoissances du lecteur curieux,
et lui faire naître des idées plus vastes et même
nouvelles ; qu'en attendant il ait la précaution
et la prudence de faire retrancher fréquemment et peu-à-peu , les menues branches mal
placées ,

placées, ou de faire beaucoup de petits élaguages, pour n'être pas obligé d'en faire de plus grands, qui tournent toujours au préjudice de l'arbre auquel on le fait.

J'ai parlé dans ce chapitre de l'entretien des plantations et de certains labours qu'on doit donner aux jeunes arbres; mais il est des cas, sur-tout pour les bois où la dépense devenant trop forte, il faut renoncer à ces cultures extraordinaires; et le moyen d'y suppléer dès qu'on s'apperçoit que, sans qu'il y ait eu des gelées ou d'autres accidens, le jeune plant d'un bois, ou les jeunes arbres, commencent à croître de moins en moins, c'est de les couper jusqu'auprès de terre; ce moyen, tout simple qu'il paroît, a réussi à d'habiles et savans cultivateurs, qui l'ont reconnu d'une utilité infinie et des plus propres à accélérer de plusieurs années le succès d'une plantation, lorsqu'il étoit mis en œuvre à propos. Il est ainsi mille moyens dans la nature, qui ne nous échappent que par leur simplicité; ils nous frappent, sur-tout lorsque nous y revenons sans le savoir et après nous en être éloignés; car l'homme qui jouit d'une

Tome I. D

honnête aisance ne veut que du merveilleux, et ne voyant rien au-delà de l'art, ses recherches sont vaines, ou du moins plus lentes que celles du vrai philosophe, qui sait épier la nature et en saisir les ressources sans vouloir la contrarier.

Il m'a paru convenable d'ajouter ici certaine énumération de l'état de la grandeur de différentes espèces d'arbres indigènes et exotiques, des terreins dans lesquels elles furent plantées ou semées, et leurs hauteur et circonférence, avec le nombre d'années qu'elles ont employées pour y parvenir : ce sera un motif plus que suffisant pour déterminer en faveur des plantations les personnes qui s'y sentoient le moins portées, elles verront qu'en plantant certaines espèces ou variétés d'arbres, elles peuvent espérer d'en jouir de leur vivant, ou que du moins leurs enfans profiteront de leurs travaux ; en voici des exemples que m'ont bien voulu communiquer le célèbre du Hamel et plusieurs autres savans cultivateurs, avec ce que j'ai vu par moi-même. Des *Aunes*, plantés en massif dans une terre marécageuse, sont parvenus, en onze ans, à trente ou trente-cinq pieds de hauteur, sur douze à seize pouces de circonférence.

J'ai vu des *Platanes*, plantés au bord d'un marais dans un bon terrein, qui n'avoient que neuf ans, et portoient trente pieds de hauteur, sur vingt à vingt-cinq pouces de circonférence ; on en voit dans le parc d'Enghien et dans ma terre de Saintes en Hainaut, dont les progrès ont été encore plus satisfaisans. On verra, dans cet ouvrage à l'article de cet arbre, ceux qu'il fait en peu de tems, lorsqu'il est planté en bonne terre et analogue à son tempérament.

Des *Frénes* parvinrent en dix-sept ans à la hauteur de vingt-quatre à vingt-cinq pieds, sur vingt-quatre pouces de circonférence.

Des *Peupliers blancs*, plantés dans un bon terrein au bord d'un marais, s'élevèrent, en douze ans, à la hauteur de soixante à soixante et dix pieds, sur trois à trois pieds et demi de tour : j'ai déja rapporté d'en avoir vu vendre, âgés de trente-cinq ans, deux pistoles le pied (argent de Brabant), et d'autres mêlés avec des *Peupliers noirs*, plantés sur l'étendue d'un bonnier, à la distance de quinze à vingt-huit pieds, deux mille florins en grume.

Des *Noyers*, plantés aux bords d'une bonne terre à grain assez sèche, sont parvenus en vingt-cinq ans à la hauteur de vingt à vingt-cinq pieds, sur trente-deux à trente-cinq pouces de circonférence; d'autres *Noyers*, en dix-sept ans, eurent dix-huit à vingt pieds de hauteur, sur vingt-quatre pouces de circonférence : il est étonnant que ces arbres deviennent si rares dans ce pays; le petit nombre qui en reste n'y est plus connu que pour son fruit : il seroit bien à désirer qu'on s'y attachât, si non pour le présent, du moins pour l'avenir; c'est un souhait que font les vrais patriotes, et qu'ils espèrent de voir rempli. Des *Pins*, plantés forts petits, sont parvenus en seize ans à la hauteur de trente-six à trente-huit pieds, sur vingt-huit pouces de circonférence.

Des *Sapins*, plantés dans une terre à bled assez sèche sont parvenus, en seize ans, à la hauteur de vingt-huit à trente pieds, sur dix-sept pouces de circonférence, et d'autres, plantés dans un sable gras, parvinrent, en vingt-un ans, à la hauteur de trente-cinq à

quarante pieds, sur vingt-quatre à trente pouces de circonférence.

Des *Mélèses*, âgés de douze ans, que je
mesurai moi-même, portoient vingt à vingt-
deux pieds de hauteur, sur plus d'un pied
de circonférence à un pied de terre, et d'autres, âgés de quinze ans, portoient plus de
vingt pieds de hauteur, sur deux de circonférence.

Des *Epicias*, plantés dans une bonne terre
à fromént assez sèche, portoient, à leur sei-
zième année, environ trente-six pieds de hauteur, sur vingt-quatre pouces de circonférence.

Des *Cèdres* du Liban, plantés dans la même
terre, s'élevèrent, en seize ans, à la hauteur
de trente-deux à trente-cinq pieds, sur vingt-
deux pouces de circonférence : je les ai vus
à Denainvilliers, (terre à Mr. du Hamel, qui,
par sa mort, appartient aujourd'hui à Mr. Fougeroux de Bondaroy, son neveu) ainsi que les
beaux que je vis dans le parc de Milord Pembrock à Wilton, près Salisbury ; ils avoient quatre-vingts ans, j'en mesurai le plus gros, et lui
trouvai seize pieds de cir-conférence etc. etc.

Feu Mr. du Hamel du Monceau m'a dit,

et il le rapporte dans ses ouvrages, d'avoir vendu sur le pied de cent pistoles l'arpent, un bouquet d'*Aunes*, âgés de trente ans.

J'ai vu, il y a quelques années, du côté de Louvain, un jeune bois-taillis de l'étendue de six bonniers, planté depuis trois ans, qu'on avoit vendu pour être récépé, quatre cens florins : un propriétaire me rapporta aussi d'avoir vendu un bois-taillis d'*Aunes*, un tiers moins, à cause qu'il ne s'y trouvoit mêlés des *Coudriers* ou *Noisetiers*; les paysans acheteurs les employant pour lier les gros fagots d'*Aune* : c'est ainsi qu'en plantant, on doit toujours s'attacher aux usages des lieux, sans quoi il ne peut en résulter que de la perte, au lieu de profit.

Enfin, je ne finirois pas, si je voulois rapporter tous les exemples qui me restent, et qui ne sont qu'autant de preuves propres à encourager tous les propriétaires à planter, en les priant d'observer que rien ne vient si promptement que le bois blanc (on comprend sous ce nom les *Peupliers*, *Aunes*, *Saules*, *Marceaux*, etc.), et, tout bien compensé, souvent le produit en est plus avan-

tageux que celui des bois de meilleure essence, on peu et on s'en est pu convaincre
par plus d'un exemple : les *Pins* et les *Sapins* croissent aussi fort vîte, et plusieurs autres arbres ont de même leur croissance plus
ou moins forte : c'est bien ici le lieu de dire
avec Mr. du Hamel, que c'est une jouissance
réelle pour ceux qui font des plantations ou
qui sèment et plantent un bois, lorsqu'ils
voient prospérer leurs travaux, et qu'il leur
est permis de s'applaudir d'avoir travaillé si
efficacement au bien de leur famille et à celui de l'Etat, dont ils sont membres.

D 4

CHAPITRE VI.

De la qualité de la terre, propre aux diffé-
rentes espèces et variétés d'arbres.

CE chapitre sera très-court, d'autant que
je compte de rapporter à l'article de chaque
arbre, la qualité de la terre la plus analogue à leurs espèces ou variétés, et que d'ailleurs je n'ai pas voulu m'étendre davantage
et mal à propos.

J'observerai donc, que toute terre est en
général plus ou moins bonne aux arbres ;
que les deux extrêmes de l'alliage, desquels
résultent des terreins de nature fort différente, sont le sable pur et l'argile pure ; en
un mot, que plus il y aura de sable, plus
le terrein sera léger, et que plus il y aura
d'argile ou de glaise, plus il sera compact
et ferme : dans le premier cas, un sol de
cette nature sera avantageux aux *Pins, Era-*
bles, Bouleaux, Charmes, Noyers, Cytises, etc.
dans le second, on y verra croître des *Pla-*

tanes, Peupliers, Frênes, Ormes, Châtaigniers, Chênes, Hêtres, etc. Enfin, lorsqu'on se propose de faire des plantations ou d'élever des bois, il est nécessaire d'examiner la nature du terrein et sa propriété intrinsèque, et de choisir des fonds de médiocre valeur, qui n'exigent qu'une première dépense, et qui fournissent ensuite, sans aucune culture, des revenus considérables. Personne ne doute que les arbres croîtront beaucoup plus vîte, et qu'ils deviendront beaucoup plus beaux et plus grands dans une bonne terre que dans une médiocre ; mais on n'aime point à se priver de ses terres à grain, dont on retire un revenu anuuel, dans le tems qu'on est plusieurs années avant que de tirer le produit de ses plantations et de ses bois. Il est cependant de bons pères de famille, qui renoncent à tirer une rente médiocre d'un mauvais sol, et qui même sacrifient une certaine somme, pour la réduire en bois, préférant à leurs intérêts présens, l'avantage que leurs enfans pourront en retirer par la suite.

J'ai vu des terres, dont le fond étoit de glaise, alliée de beaucoup de sable (ce qu'on appelle du sable gras) s'étendre, sans presque changer de nature, jusqu'à l'eau qu'on trouvoit à deux toises de profondeur. C'est d'une terre pareille dont Mr. du Hamel du Monceau parle dans ses ouvrages, et dont il fait une longue énumération des arbres ordinaires du pays, et des arbres étrangers qui y croissent; je l'ai vue étant chez lui en 1769.

Enfin, il n'y a guères de terreins où l'on ne puisse élever des arbres; ils viennent partout où il y a une suffisante quantité de terre, pourvu qu'elle soit perméable aux racines, et qu'elle conserve assez d'humidité.

En général, il n'y a point de terrein plus avantageux à la qualité des bois, que ceux qui sont substantieux et plutôt secs qu'humides; d'autres sont tellement propres aux arbres, que toutes les espèces y réussissent à merveille, et ceux-ci sont de ces fonds de glaise, alliée de beaucoup de sable, etc. dont je viens de parler plus haut; et, pour intéresser davantage, j'ai trouvé qu'il ne seroit nullement déplacé de rapporter d'après Mr. du Hamel, et d'après ce que j'ai vu par moi-même, étant chez lui, une petite liste des arbres qui y croissent.

Le *Chêne*, le *Hêtre*, le *Châtaignier*, le *Charme* et l'*Erable* y ont presque un égal succès; l'*Orme* y périt en quelque sorte de réplétion; le *Noyer* y vient, mais moins bien que dans des terres plus sèches; les *Frênes*, *Peupliers*, *Saules*, *Aunes* y ont une assez belle végétation, quoiqu'elle soit moins prompte que dans les marais; les *Ifs*, les *Sapins*, les *Mélèses* y ont été plantés avec succès; on y voit réussir singulièrement les *Catalpa*, les *Cèdres* du Liban et de Virginie, les *Thuya* de la Chine et de Canada, le *Liquidambar*, etc. etc. mais lorsqu'il se rencontre des terres ingrates, qui se refusent absolument à faire croître les arbres les plus ordinaires, on doit y planter ou semer des *Pins*, et même des *Mélèses*, les premiers viennent à merveille dans un sable presque pur, leurs graines peuplent le terrein et forment dans la suite un bois toujours verd, dont l'utilité réunit encore l'agrément d'y trouver de l'abri et de la verdure dans la saison où les autres en sont privés; cette manière est la plus sûre et la moins coûteuse ; au bout de trente ans un tel terrein se trouvera couvert, et vingt ans après on pourra jouir du produit de sa coupe ; cette méthode devient moins rare de jour en jour, malgré l'égoïsme du siècle, il se trouve encore des propriétaires, qui pensent et veillent en bons pères de famille et en vrais citoyens, à tout ce qui peut être utile aux intérêts de leur postérité et de l'Etat.

Lorsqu'on a à planter, on consulte la qualité de la terre, mais il est assez rare de voir prendre égard à la position dans laquelle on veut faire croître ses arbres, cependant l'une et l'autre influent infiniment sur la qualité de leur bois : celui des arbres isolés, et qui, dans cette position, sont frappés de l'air de tous côtés, est ferme, de bonne qualité et excellent sur-tout pour résister aux frottemens dans les machines où il est employé, et pour quantité d'ouvrages qui exigent de la force, le bois des arbres des lisières et du bord des forêts est aussi plus dur que celui des arbres du plein des futaies : l'exposition n'a pas une moindre influence ; car les arbres exposés au midi, sont réputés presqu'unanimement pour avoir le bois plus dur, plus ferme et généralement d'une meilleure qualité que celui des arbres exposés au nord, mais aussi ils sont plus sujets à être endommagés par les coups de soleil et les fortes gelées d'hiver, voilà comme le mal est à côté du bien : ceux exposés au levant sont rarement endommagés par le vent, par les coups de soleil et par les fortes gelées d'hiver ; mais les gelées du printems détruisent souvent leurs jeunes pousses, ceux exposés au couchant sont en général les plus endommagés par les grands vents, grêle, etc. Quant aux arbres renfermés dans les futaies et les vallons, les uns sont ordinairement de belle taille, (et sont les seuls, pour ainsi dire, qui puissent fournir de belles et longues pièces) les autres à cause du froid qui règne presque toujours dans les vallées et les vallons, où il gèle souvent toue les mois de l'année, croissent lentement et sont presque tous rabougris.

CHAPITRE VII.

Des bois taillis et de leur coupe.

ON appelle *taillis* (dans ce pays *raspe*, et en flamand *schaerbosch*) tous les bois qui sont mis en coupe réglée, pour être abattus au-dessous de quarante ans; ces bois, comme on sait diffèrent beaucoup les uns des autres, selon l'espèce des bois dont ils sont formés.

Dans ce pays-ci, la plupart des taillis sont formés de *Chêne*, *Aune*, *Noisetier* ou *Coudrier*, *Charme*, *Marseau*, *Peuplier*, *Tremble*, *Hêtre*, *Orme*, *Sycomore* et *Erable*.

En formant des bois-taillis, on doit avoir égard à la situation, au débit qui est le plus avantageux dans un endroit que dans l'autre, et à l'essence de bois. Dans certains cantons de la Flandre, on coupe le taillis à cinq et sept ans, aussi n'en fait-on que de petits fagots; dans d'autres, on les coupe à neuf ans, pour en faire des perches à houblon et des cercles; dans le Brabant, la pratique en est à peu près la même, ainsi que dans les autres provinces : toutes ces pratiques varient selon les lieux. Dans les provinces, où on tanne beaucoup de cuirs, on abbat les taillis à l'âge où leur écorce est dans l'état requis pour ce travail, il faut pour cela que les *Chênes* aient neuf à douze ou quinze pouces de circonférence : du côté de Malines, cinquante-huit *Chênes* à peler l'écorce pour le tan, fourniront deux mille buches (dites en flamand *halfhout*) à 28 florins le mille, porte 56 florins ; dix razières d'écorce à 2 florins 10 sols la razière, rend encore 25 florins. On coupe de ce côté - là les taillis dans les mois de novembre, décembre et janvier, la coupe doit être finie au plutart en février. La règle par portion est incertaine, et varie selon l'usage des lieux, la coupe s'y fait par bonnier, selon que le bois est grand : en voici un exemple ; sur un bonnier de bois-taillis, qui fournira six mille petits fagots, taxés à 15 florins le millier, déduit la façon et le transport, ci - - - - - - - - fl. 90 0 0

J'y joins les cinquante - huit

Chênes pour le tan - - - - - 56 0 0

Les dix razières d'écorces - 25 0 0

La valeur d'un tel bonnier de

taillis est de - - - - - - - - - 171 0 0

Quoique cette règle ne soit pas générale, les avantages peuvent varier, à cause qu'un tel bonnier sera quelquefois plus ou moins garni, et les *Chênes* plus ou moins gros; le prix même de chaque espèce, peu aussi différer tous les ans. On n'y laisse guères de baliveaux, de crainte d'offusquer le taillis et les jeunes *Chênes* : l'usage de ces côtés-là est de former les taillis dans les terreins aquatiques, d'*Aunes* qu'on coupe à cinq ans, on en fait de grands et de petits fagots; cette *aunaie* est quelquefois mêlée de *Frênes* : dans les terreins médiocrement élevés et peu sabloneux, d'*Aune*, *Bourdaine*, *Nerprun*, etc. des uns on en fait des fagots, et des autres du charbon pour la poudre à canon. Les taillis de *Frêne* sont fort recherchés par les cercliers; et de ceux de *Noisettier*, on fait des perches et des baguettes (en flamand *band-roeden*), elles servent à serrer la paille pour couvrir les maisons des paysans, à lier les haies et à faire des cercles, on en fait aussi des fagots pour cuire les briques, des rames pour ramer les haricots et les pois, ce qui

se

se fait pareillement avec d'autres espèces de bois.

Je viens de dire un mot des provinces ou cantons où l'on fait beaucoup de tan, à présent je vais faire connoître l'usage où l'on est dans d'autres d'élever des taillis, pour avoir des cercles ou cerceaux. Dans le Brabant et le Hainaut, on exploite ces taillis à neuf ou dix ans : je connois des cantons où des propriétaires ont prolongé la coupe de leurs bois-taillis jusqu'à l'âge de douze ans ; aussi le rapport en a-t-il été doublé à chaque vente ; j'en ai vu plus d'une preuve, et une vente faite à la fin de 1770 dans certaines forêts du Brabant (où plus de cent bonniers de bois-taillis se vendirent deux tiers de plus qu'ils ne s'étoient vendus treize ans auparavant, ayant même dix-neuf bonniers de moins qu'en ce tems-là) étonna tous les acheteurs. J'ai vu aussi un jeune bois-taillis de six bonniers, planté de trois ans, qu'on avoit vendu pour être récépé, 400 florins.

J'observerai, avant de poursuivre, que la seconde ou la troisième année après l'exploitation des taillis, on repeuple les petites clairières et les vides, en couchant en terre les branches les plus longues de chaque souche; ces marcottes multiplient les pieds, et forment par la suite de nouvelles cépées.

Voici, d'après Mr. Guiot, auteur du *Manuel forestier*, la manière, en exploitant les taillis, de régénérer les souches, et de renouveller les anciennes cépées.

» 1°. Il faut, dit-il, que le bucheron ôte
» avec la main les feuilles et les mousses qui
» couvrent une partie des vieilles souches.

» 2°. Qu'il frappe la terre tout à l'entour
» avec la tête de la coignée, pour découvrir
» les principales racines latérales.

» 3°. Qu'il coupe avec la coignée les gros-
» ses racines, en s'avançant de chaque côté
» dans le dessous de la souche, qui souvent
» s'enlève comme un fromage, lorsqu'il ne
» se trouve point de pivot; ou bien quand,
» à cause de sa vétusté, le pivot se trouve
» pourri.

» 4°. Si la souche est garnie d'un pivot,
» il suffit, après en avoir séparé les racines
» dans le contour, de la blanchir, en ôtant
» toute l'écorce dont elle se trouve recou-

» verte, toute communication étant rompue
» avec les racines. Cela fera le même effet
» pour le renouvellement du bois, que si elle
» étoit élevée; et en abattant les taillis de
» cette manière; on multiplie et on rajeu-
» nit toutes les espèces, sans aucune autre
» dépense ".

Les bornes que je me suis prescrites dans
cet ouvrage, m'empêchent d'extraire de l'*A-
griculture parfaite* d'Agricola, les différens
moyens qu'on y trouve pour multiplier les
arbres, replanter les bois et regarnir les clairières et les vides des forêts, etc.

Dans le Brabant et dans le Hainaut, les
taillis où il se trouve beaucoup de *Noisettiers*,
se vendent plus chers, à cause de l'usage de
son bois pour les cercliers : il est étonnant
qu'on ne plante pas plus de *Châtaigniers* en
taillis pour le même usage, d'autant que son
bois est un des meilleurs; le peu de propriétaires de ce pays qui l'ont employé ainsi,
ont été dans le cas de reconnoître de quel
avantage étoit une telle exploitation : diverses expériences, faites en France, nous ap-
prennent que les tiges du *Cytise* des Alpes

E 2

sont aussi propres que celles du *Châtaignier*, à faire des cerceaux. (*Voyez ce que j'en dis à son article*).

Les arbres suivans, le *Mûrier*, le *Chéne*, le *Bouleau*, le *Marceau* et le *Saule* sont aussi recherchés par les cercliers : les taillis, exploités comme je viens de le dire, donnent aussi des cerceaux ; on en retire encore des perches à houblon, et j'ai vu dans mes voyages, que, dans quelques cantons, on trouvoit un avantage à exploiter les taillis de *Frêne* en perches rondes et parées, pour faire des manches de balais et des houssoirs, ou des écuyers à mettre le long des escaliers.

Peu de personnes ignorent que les *Osiers* sont les plus petits taillis, et qu'on doit les abattre tous les ans, d'autant qu'on perd beaucoup à ne les abattre que la seconde année. La plupart des *Osiers* sont différentes espèces de *Saule* ; on les coupe auprès de la souche au printems. Là où les tonneliers s'en servent, ce sera dans les mois de février et mars ; ici, où il y aura beaucoup de vanniers, ce sera au commencement d'avril ; l'usage en fait varier la coupe. Il y a surement un certain avantage à élever des oseraies, lorsqu'on est à portée des villes; aussi tout propriétaire attentif à tirer parti de ses terres, ne néglige point ce petit profit, dont le produit annuel ne laisse point que d'être avantageux.

Il faut, en semant un bois, mettre les grosses semences, comme glands, châtaignes, etc. deux et trois par trou, de deux pieds en deux pieds, et même plus près, si on a assez de semences, afin que le jeune bois puisse étouffer plus facilement les mauvaises herbes et prendre le dessus; mais pour un semis de menues semences, comme *Pins*, *Sapins*, etc. on les répand comme le bled, et on passe la herse par-dessus pour les enterrer suffisamment. Lorsqu'on plante un bois, on met les plants de trois pieds en trois pieds, en quinconce ou en damier, on tend un cordeau, lorsqu'il n'y a pas de rayons, et on marque l'emplacement de chaque trou de trois pieds en trois pieds; ensuite on remet le cordeau à trois pieds de distance, parallèlement à ce premier lignement et vis-à-vis le milieu de l'entredeux de chaque trou, ils marquent l'emplacement du second rayon, et ainsi des autres.

Quant à l'accroissement des taillis, il n'est pas possible d'en donner des règles parfaitement justes, d'autant que les progrès dépendent encore plus de la qualité de la terre, que de l'essence des bois. Cependant on dit en général que les bois de *Chêne*, *Hêtre*, *Châtaignier*, etc. soit taillis, haut taillis ou demi-futaie, s'élèvent d'environ un pied chaque année, jusqu'à soixante et quatre-vingts ans dans les bons fonds, propres aux essences des bois dont ils sont plantés. » Après cet » âge, dit Mr. Guiot, ils s'élèvent très-peu, » mais ils grossissent pendant long-tems, à-» peu-près d'un demi-pouce chaque année » sur la totalité de la circonférence. Les bois » blancs (on comprend sous ce nom le *Til-*» *leul*, l'*Aune*, le *Peuplier*, le *Bouleau*, le » *Saule*, etc.), qui ont la sève plus hâtive » et plus abondante, croissent et grossissent » plus promptement, au moins d'une moitié, » mais ils ne vivent pas si long-tems ".

Je n'insisterai pas davantage à parler des taillis, je prie ceux qui voudront en savoir plus et connoître à fond cette matière, sur-tout ceux qui aiment la lecture, et qui ont le tems de s'en occuper, d'avoir recours au savant *Traité des Foréts* de Mr. du Hamel du Monceau, en huit volumes in-4°. aux *Mémoires* publiés par Mr. le Comte de Buffon, au *Traité des Bois* de Mr. Massé, deux volumes in-8°., au *Manuel forestier* de Mr. Guiot, au *Dictionnaire ou Cours complet d'Agriculture*, par Mr. l'Abbé Rozier, etc. etc. où on trouve à se satisfaire en étendant ses connoissances. Il est encore à observer, qu'en formant des bois taillis, on doit avoir égard au sol, à la situation, au débit le plus avantageux et à l'espèce de bois dont on peut (selon l'endroit où l'on est) tirer le plus grand profit. Dans certaines provinces, surtout où il y a des forges, on élèvera des taillis, pour avoir du bois propre à faire du charbon; dans d'autres on en élèvera pour en faire des fagots, des cercles, des perches à houblon, etc. et dans ceux où l'on tire parti des tétards de *Peupliers*, de *Saules* et de *Marceaux*, qu'on peut regarder comme des taillis, on aura égard, en les abattant plus jeunes ou plus vieux, à l'âge des arbres et à l'usage qu'on se propose de faire de leur émondage.

Il est des paysans, particulièrement dans le pays de Waës, qui ont une telle connoissance des bois, qu'à la première fois qu'on leur montre un bois taillis, ils peuvent décider qu'il a tel âge, et qu'il a été coupé autant de fois.

Ceux qui désirent de s'instruire, (toujours en supposant qu'ils ignorent ce que je leur fais connoître) me sauront bon gré, j'espère, de la manière dont je remplis mes loisirs, en cherchant de leur être de quelqu'utilité.

Pénétré de cette considération, je continue à observer que les bois-taillis doivent être considéré sous trois points de vue : 1°. relativement à la nature du terrein : 2°. à leur essence : 3°. à la situation et au débit qui peut être le plus avantageux dans certains cantons.

Si la nature du terrein est d'une si grande conséquence, on ne sauroit être trop prudent sur la règle de ses coupes de taillis; dans les bons terreins on gagnera surement à les attendre ; dans ceux où il n'y a pas de fond,

on doit les couper fort jeunes : et sans pouvoir donner toute la précision qu'on voudroit
à cette règle, et déterminer au juste l'âge
où ces coupes doivent se faire, il sera bon
d'observer que cet âge est celui où l'accroissement du bois commence à diminuer ;
car on n'ignore point que l'accroissement du
bois augmente jusqu'à un certain âge, après
lequel il diminue, voilà donc le point le *maxi-*
mum qu'il faut saisir pour tirer de son taillis
tout l'avantage et tout le profit possible, en
faisant observer aux ouvriers qui sont char-
gés de leur exploitation, de couper tous les
arbres le plus près de terre qu'il est possible.

La même attention est nécessaire pour les
bois de futaie, car le tems de leur coupe est
plus ou moins long, selon la qualité du terrein, et plus encore selon la profondeur du
sol : Mr. le Comte de Buffon en a donné
les termes d'après ses observations, au moyen
d'une tarrière haute de cinq pieds, avec laquelle il fit sonder quantité de terreins, où
il examina en même tems la hauteur, la
grosseur et l'âge des arbres : voici ces termes
assez justes pour les terres fortes et paîtris-

sables, à cinquante ans dans un terrein de deux pieds et demi de profondeur, à soixante et dix ans dans un terrein de trois pieds et demi, et à cent dans un terrein de quatre pieds et demi et au-delà de profondeur; dans les terres légères et sablonneuses, il fixe les termes de ces coupes à quarante, soixante et quatre-vingts ans : cet illustre savant observe ensuite qu'on perdroit à attendre plus long-tems, et qu'il vaudroit infiniment mieux garder du bois de service dans des magasins, que de le laisser sur pied dans les forêts, où il ne peut manquer de s'altérer après un certain âge.

L'essence des bois-taillis n'est point d'une moindre conséquence, car tous les bois ne sont pas propres aux mêmes usages, et, quoiqu'ils puissent tous être brûlés, le *Chêne*, le *Hêtre*, le *Charme*, l'*Erable*, l'*Orme* ont la préférence sur les bois blancs, qui sont à bas prix pour cette destination, au lieu qu'on en peut tirer un parti avantageux, en les coupant ou plus jeunes ou plus vieux; comme les *Osiers*, dont on forme des espèces de taillis qu'il faut abattre tous les ans; car on perd beaucoup, ainsi que je l'ai déja dit, en ne les abattant qu'à la seconde année, il en est de même des *Saules*, des *Marceaux*, des *Peupliers* qu'on étête, (et c'est alors qu'ils sont regardés comme des taillis) leur âge et l'usage qu'on veut faire de leur émondage, doivent décider les propriétaires à les abattre plus jeunes ou plus vieux : on n'ignore cependant point que le *Saule* et le *Peuplier*, non étêtés, fassent de grands arbres et ne creusent pas, et que leur tronc aient le double en diamêtre, que le tronc de ceux qui ont été étêtés plusieurs fois; les *Osiers*, coupés annuellement, sont aussi d'une ressource très-avantageuse : j'en parlerai plus au long à l'article de l'*Osier*, d'après un mémoire qu'un Gentilhomme de ce pays, de mes amis, et qui passoit une partie de l'année dans ses terres, m'avoit donné ; c'est ainsi que dans l'essence des bois il faut se guider par les circonstances locales, qui font que dans certains pays, certaines marchandises sont plus recherchées que d'autres.

Nous venons de voir combien il importe d'avoir égard à la nature du terrein et à l'esṣence du bois, lorsque l'on veut retirer tout le profit possible d'un taillis ; il nousreste à prouver à présent que la situation et le débit, le plus avantageux pour certains endroits, ne sont point d'un moindre poids. Il est palpable que le voisinage des villes, rivières, grandes routes, forges, etc. etc. sont autant de débouchés propres à faciliter les spéculations des propriétaires industrieux, qui savent se créer un revenu sûr et lucratif.

Nous savons que les plus petits taillis donnent de petits fagots, ceux de six à huit pieds de hauteur des bourrées pour les boulangers et autres, que de ceux de douze à quinze pieds on tire ou des perches à houblon, échalats, ou de gros fagots, recherchés par les aubergistes, tuiliers, etc. qu'on réduit à la longueur de cinq à six pieds, sur environ trente pouces de circonférence auprès du lien : le débit des branches des têtards de *Saules*, *Aunes*, *Marceaux* et *Peupliers*, lorsqu'à six pouces du tronc, elles ont quatre à cinq pouces de circonférence, est encore d'un assez bon rapport, et quelquefois les vanniers en font des lattes pour le bâti de leurs ouvrages :

J'ai connu un Gentilhomme, bon cultivateur et de ce pays, qui tiroit un très-grand profit de ses arbres à tête qu'il faisoit couper tous les cinq à six ans; il en plantoit par-tout dans ses terres, et même dans ses avenues et allées, c'est-à-dire un têtard entre deux arbres montant; il en employoit de toute espèce, *Frênes*, *Ormes*, etc. Il en est de même dans les cantons où on débite des cercles ou cerceaux, les taillis de *Marceaux*, de *Bouleaux*, de *Châtaigniers*, de *Chênes*, et de tout bois propre à en faire sont d'un produit avantageux à ceux qui en ont, mais il faut qu'ils puissent fournir des perches de dix, douze ou quinze pieds de longueur, sur trois, quatre, cinq et jusqu'à huit et neuf pouces de circonférence vers le petit bout, l'usage du pays cependant décide de leur grandeur : si je voulois étendre cette énumération, elle deviendroit beaucoup trop longue, et même inutile à certains égards, parce que les cultivateurs, qui ignorent absolument ce détail, ont recours à des ouvrages plus considérables, où, étant sur les lieux qu'ils ont à planter ou à réduire en bois, ils consultent les ouvriers nés dans les forêts et livrés à ce genre de travail dès leur enfance, ce sont des guides assez sûrs et capables de réflexions justes sur leurs opérations; il n'y a donc point de honte à suivre leurs conseils et leurs avis; mais il est toujours bon d'avoir assez de connoissance par soi-même pour savoir à quoi s'en tenir, d'autant que ces gens-là ne savent pas précisément tout ce qu'il reste à savoir sur ces objets; on auroit par conséquent des torts, en présumant trop de leurs lumières, comme en méprisant trop leurs observations.

Il est à remarquer, pour les semis de bois, certaines précautions à prendre pour les grosses semences, et de faire attention que, dans des terreins d'une nature moyenne, entre les terres fortes et les terres légères, il convient de semer de l'avoine avec ces semences, pour prévenir la naissance des mauvaises herbes, parce que la plupart sont vivaces, et font beaucoup plus de tort aux jeunes arbres que l'avoine, qui cesse de pousser des racines au mois de juillet : cette observation a été constatée par le Pline de la France, et est rapportée dans ses savans mémoires;

où il observe et conclud que c'est perdre de l'argent et du tems que de faire arracher des jeunes arbres dans les bois pour les transplanter dans des endroits où l'on est obligé de les abandonner et de les laisser sans culture, et que, si on a à faire des plantations considérables, d'autres arbres que ceux qui produisent des graines fortes, il faut des pépinières où on les soigne pendant les deux premières années, après quoi on les pourra planter avec succès pour faire du bois, mais avant l'hiver, s'il est possible, pour des raisons trop longues à détailler ici, et que tout propriétaire, pour peu qu'il ait des connoissances en agriculture, n'ignore point. J'observerai ultérieurement, d'après le grand nombre d'expériences faites par le savant naturaliste dans ses terres en Bourgogne, que le gland peut venir dans tous les terreins; il en a vu cependant d'une vaste étendue et couverts d'une petite espèce de bruyère, sans y appercevoir ni *Chêne*, ni aucune espèce d'arbre. La terre, dit-il, de ces cantons est légère comme de la cendre noire, poudreuse, sans aucune liaison; il a fait sur ces espèces de terres des expériences qui l'ont convaincu que, si les *Chênes* n'y peuvent croître, les *Pins*, les *Sapins*, et peut-être quelque autres arbres utiles, peuvent y venir. Il n'est pas moins intéressant de faire remarquer aux propriétaires, qui entreprennent des semis et des plantations considérables (comme j'ai vu dans les terres de Mr. de Buffon, étant à Montbar en Bourgogne) de ne point trop nettoyer les terreins, qu'on veut ensemencer et voir un jour couverts de bois; le savant académicien, qui me fournit ces observations, avertit, dans ses ouvrages, de ne point s'arrêter, quant aux bois, à cette vérité si utile, que plus la terre est travaillée, plus elle rapporte de fruits, parce qu'elle souffre quelques exceptions; et que, dans les bois, une culture prématurée et mal entendue, cause la disette au lieu de produire l'abondance, ordinairement, conclut-il, on dépense pour acquérir, ici la dépense nuit à l'acquistion : je suis le détail lumineux et instructif, dans lequel sont entré Mrs. de Buffon et du Hamel, en extrayant ce qui est le plus nécessaire de ne pas ignorer, lorsqu'on veut réduire des

terres

terres en bois, et, pour un plus grand détail, je prie les propriétaires, qui en auront le loisir, de recourir aux ouvrages cités. Comme l'abri est d'une nécessité reconnue, pour la conservation et l'accroissement des semis et jeunes plants, le moyen le plus sûr, pour faire du couvert, dans un champ, ou tout autre terrein net et bien cultivé qu'on convertit en bois, est d'y répandre de la graine de *Marceau*, qui réussit et croît assez promptement sans culture; mais nos célèbres savans avouent qu'ils n'ont rien trouvé de mieux que de planter des boutures de *Peuplier*, ou quelques pieds de *Tremble*, dans des terreins humides, et, dans des secs, des *Epines*, du *Sureau*, et quelques pieds de *Sumac* de Virginie, ce dernier arbre, peu connu des gens qui ne sont pas botanistes, se multiplie de rejettons avec la plus grande facilité, et ses racines s'étendent si loin, qu'il n'en faut qu'une douzaine de pieds par arpent, pour avoir du couvert au bout de quatre ans, en observant seulement de les faire couper jusqu'à terre à la seconde année, pour les faire pousser un plus grand nombre de rejettons.

Tome I.   F

Ce chapitre paroîtra peut-être trop court pour les uns, et trop long pour les autres ; qu'il me soit permis d'observer que cet ouvrage n'est qu'un MANUEL ; que, pour le rendre propre à l'usage pour lequel il est fait, il ne faut y rapporter que les détails absolument utiles, et éviter tout ce qui ne tend point à remplir cet objet. Avant de le terminer, il m'a paru qu'il ne seroit point déplacé d'étendre davantage ce que j'ai dit des taillis de *Chêne*, qu'on destine à faire du tan, de faire remarquer les bois, dont les espèces font varier la qualité du charbon, ainsi que du parti qu'on peut tirer de l'écorce des *Tilleuls* et des *Mûriers*, lorsqu'ils sont jeunes, et de différentes espèces de bois pour cercles ou cerceaux.

Mr. du Hamel dit qu'il faut communément six à huit cordes de bois pour faire un cent de bottes d'écorce, (on a vu quel est l'usage dans les environs de Malines, d'où l'on tire le plus de tan) huit pour les bois de vingt ans, et au-dessus de six, lorsque les bois-taillis sont plus jeunes : il n'est guères possible d'établir de règle fixe à cet égard, parce qu'elle varie d'un endroit à l'autre.

Il y a des provinces où on écorce les *Chênes* sur pied, et qu'on abat aussi-tôt après; d'autres où on fait cette opération dès que les arbres ont été coupés; dans celle-ci on commence ce travail quand on s'apperçoit qu'ils poussent, dans celle-là on attend qu'ils soient en pleine sève : ce sont donc différentes causes qui donnent la préférence à l'une ou à l'autre de ces pratiques.

L'écorce, comme on sait, de ces jeunes *Chênes* se réduit en poudre, et sert à la préparation des cuirs, pour être bonne, elle doit être unie, vive et brillante; on l'emploie aussi pour teindre en jaune-brun ou en noir, et, quand elle a passé les cuirs, on la nomme *tan préparé*, et avant, *tan brut*.

Il est en place d'observer à ceux qui l'ignorent et qui font faire beaucoup d'écorce, que, si pendant que l'on écorce un taillis, il se trouve un troupeau de moutons, seulement à deux cens pas du bois, et que le vent soit du même côté, alors l'écorce devient si adhérente, qu'il n'est plus possible de l'enlever, il faut que l'ouvrier cesse la besogne : cette singulière expérience est connue, surtout des ouvriers employés au pélage de jeunes *Chénes*, dont l'écorce est destinée à faire du tan, et prouve la vertu astringente de cette bête à laine. Mr. Guiot a rapporté cette observation dans son *Manuel forestier*, en 1770, page 487, et d'autres en ont encore parlé depuis.

Comme l'espèce de bois, qu'on emploie, fait varier plus ou moins la qualité du charbon, et qu'il est des propriétaires qui en ont diverses espèces dans leurs bois ; j'ai voulu leur faire remarquer celles qui, lorsqu'elles sont converties en charbon, peuvent encore augmenter une partie de leur revenu : on sait qu'avec toutes sortes de bois on peut faire du charbon, mais afin que le prix en soit modique, la première condition est d'employer l'espèce de bois, qui est à meilleur marché, et l'usage n'étant pas le même partout, il m'est impossible d'en établir une règle fixe ; j'observerai donc seulement que le charbon de bois dur, comme *Chéne*, *Epine*, etc. est réputé le meilleur, et donne beaucoup de chaleur, qu'après lui, celui de *Hétre* et de

Charme est fort estimé, qu'ensuite vient celui des *Châtaigniers* et des *Erables*, et qu'enfin celui des bois blancs, comme *Tilleul, Peuplier, Tremble, Bouleau, Saule, Pin*, etc. est aussi fort recherché, et est même propre à adoucir les métaux que l'on travaille.

J'aurois bien désiré de pouvoir donner le produit d'une mesure de bois en sacs de charbon, ainsi que le poids que chaque sac doit avoir, suivant les différentes qualités; mais ces mesures, variant d'un pays, d'une province, quelquefois même d'un village à l'autre, je me suis vu contraint d'y renoncer, en me bornant à ce que dit Mr. du Hamel, dans un endroit de son savant *Traité des forêts*, qu'assez commuément on estime la proportion du bois à celui du charbon, comme quatre est à un.

J'ai cru pouvoir joindre à ce chapitre le parti qu'un propriétaire peut encore tirer de ses *Tilleuls* et *Mûriers*, lorsqu'ils sont jeunes, c'est-à-dire de huit à seize ans, parce que c'est alors qu'ils sont le plus en état d'être écorcés pour en faire des cordes à puits; afin d'enlever plus facilement l'écorce, on choisit un tems chaud et humide, et on les abat à la fin de mai ou dans les premiers jours de juin, parce que c'est le tems de leur grande sève; ces écorces, ainsi détachées par lames minces, sur-tout des jeunes *Tilleuls*, et qu'on fait rouir et tremper dans l'eau, sont employées à faire ces espèces de cordes à puits, si communes à Paris; on s'en sert aussi en Suisse, pour garnir et fermer les ouvertures et les jointures des barques et bateaux, parce qu'elle se conserve plusieurs années dans l'eau sans se pourrir, et l'empêche d'y pénétrer : les *Tilleuls* auxquels on a levé l'écorce, ne restent point inutiles et se vendent, suivant leur grosseur, aux tourneurs, jardiniers, paysans, etc. Au défaut d'*Osier*, on emploie aussi les jeunes rejettons de *Tilleul* dans les ouvrages de vannerie, et, dans quelques cantons, j'ai vu filer son écorce intérieure pour faire de grosses toiles.

Il n'est pas moins utile de connoître les espèces de bois propres à faire des cercles ou cerceaux, on peut même dire qu'il n'y en a presque point dont on ne puisse en faire; j'en ai déja dit quelque chose, et ai très-fort conseillé le *Châtaignier* en taillis, je dirai à présent qu'un pareil taillis, bon et bien tenu, peut fournir six milliers de cercles, que ces cercles sont très-bons, et que ceux de *Chêne* ne viennent qu'après; les cercles de *Mérisier* ne leur cèdent point; on en fait aussi d'assez bons avec le *Bouleau*; le *Frêne* et l'*Acacia* ne sont pas moins recherchés pour cuves, ce dernier, qui est le faux *Acacia*, sera toujours d'un produit avantageux, dès qu'on ne voudra pas seulement l'envisager (ainsi qu'on a toujours fait) comme arbre d'agrément, car les essais que j'en ai vus dans le parc d'Enghien, sont des plus persuasifs; ces arbres, venus de graines, y atteignirent, en trois ans et demi, vingt-cinq pieds de hauteur, sur neuf pouces et demi de tour. L'*Orme* à grandes feuilles, lorsqu'il a crû dans des sables, a le bois fort doux, et peut alors fournir des cercles, je l'ai vu ainsi employé dans quelques cantons; le *Noisetier* ou *Coudrier* en fournit beaucoup, et nos tonneliers (de Bruxelles) en tirent étonnament de la province de Hainaut; on en fait encore, quoiqu'ils soient peu estimés, avec le *Saule*, le *Marceau* et le *Peuplier*.

J'ose espérer que les personnes, qui ignorent absolument ce que je viens de rapporter dans ce chapitre, en seront satisfaites.

CHAPITRE VIII.

De l'exploitation des bois et autres plantations.

CE chapitre devroit être fort étendu, si je voulois entreprendre d'entrer dans tous les détails essentiels, qui ont rapport à l'exploitation et aux plantations; mais les bornes que je me suis prescrites dans cet ouvrage m'en empêchant, je me contenterai de faire observer les choses les plus nécessaires et les plus utiles, en renvoyant le lecteur curieux aux ouvrages plus étendus, sur-tout à ceux de Mrs. du Hamel, de Buffon, de l'Abbé Rozier et de Miller.

Le tems de l'abattage est indiqué ordinairement, depuis le mois de novembre jusqu'à la fin du mois de mars. Il y a des cantons dans ce pays, où on observe le même tems; il y en a d'autres, où on abat la haute futaie en mars et avril, et même pendant l'été, comme en Hollande, dans le royaume de Naples, même dans ce pays-ci, etc. Mr. du

Hamel, après nombre d'expériences, prouve qu'il n'y a aucun inconvénient à abattre en été; mais il observe que cela ne doit être entendu que relativement à la qualité du bois, mettant à l'écart l'inconvénient des fentes, et les dommages qu'on pourroit faire à la souche. Il est un vieux préjugé, dans lequel sont encore la plupart des cultivateurs, c'est de n'abattre les arbres qu'en décours de lune, faisant ainsi dépendre, sans balancer, des différentes lunaisons, les accidens singuliers dont on ne connoît pas les causes physiques. Feu Mr. du Hamel, qui ne prouvoit et n'avançoit rien, qu'après s'en être convaincu par des expériences répétées plusieurs fois, a prouvé qu'il n'y avoit pas plus d'inconvéniens ni d'avantages, de couper les arbres, en croissant qu'en décours de lune; malgré l'assertion de cet illustre savant, le fait cependant paroîtra un paradoxe à bien des personnes. La physique a fait de nos jours trop de progrès, pour croire encore à certaines influences de la lune. Quoi qu'il en soit, je ne me flatte point de guérir les gens entichés de leurs préjugés : ils décident de tout, sans examen, et plus souvent encore par prévention; mais les personnes curieuses de l'étude de la nature, et qui ne concluent au contraire de la réalité des choses que par les lumières de la raison, et après un examen bien réfléchi. Je connois des jardiniers qui plantent, sement et taillent, avec tout le succès possible, sans cependant avoir le moindre égard aux différentes phases de la lune; leur arrive-t-il d'échouer en quelque chose, leurs confrères s'en prévalent aussi-tôt, alléguant qu'ils s'y seront pris en croissant ou en décours de lune, tandis qu'ils devoient faire le contraire; mais une heureuse indifférence les tranquillise, et, en plaignant le peu de connoissance de ceux qui les critiquent, ils continuent, en dépit des jaloux et des ignorans, leurs méthodes simples, dénuée de tout merveilleux, et fondée sur la saine physique.

Le bois le plus recherché pour la charpente, est le *Chêne* et le *Châtaignier*, lorsqu'on emploie ce dernier à couvert; le *Mélèse* est un bois utile, on en peut faire de bonnes pièces de charpente, et de fort belle menuiserie; le faux *Acacia*, qui devient très-gros, pourroit aussi fournir de bonnes pièces de charpente et quelques autres espèces, dont le bois ne nous est point encore assez connu.

Les bois propres au charronage sont le *Chêne*, le *Frêne* et l'*Orme*, et dans quelques pays on y emploie le *Hêtre*.

Ceux propres au chauffage sont le *Hêtre* et le *Charme*; il y a des provinces où l'on brûle du *Chêne*, de l'*Orme*, etc. d'autres où l'on ne connoît que le *Hêtre* ou le *Charme* : l'*Aune* et le *Bouleau* font un feu très-vif, aussi les emploie-t-on volontiers pour chauffer les fours : l'*Erable* est aussi un bon bois à brûler, le *Cerisier* et quelques autres.

Il en est d'autres propres à toutes sortes d'ouvrages, comme le *Hêtre*, l'*Orme*, le *Frêne*, le *Platane*, le *Mûrier*, le *Pin*, le *Sapin*, le *Micocoulier*, etc. Je renvoie le lecteur à l'article de chaque espèce, où je parlerai de leurs avantage un peu plus en détail.

J'observerai encore que, dans toute exploitation de bois, on doit avoir beaucoup d'égards à l'usage des lieux, d'autant que cette pratique rendra plus dans un endroit que dans l'autre. Là on vendra les arbres abattus, ici

on les vendra en grume; la valeur de même,
varie selon le débit avantageux qu'on peut en
faire. Je me suis trouvé, du côté de Bruges,
dans des villages où les *Saules* en futaie se
vendoient, à proportion, plus chèrement que
les *Chênes*; c'est une observation que j'ai été
à portée de faire plus d'une fois, dans mes
voyages; que la valeur des arbres augmente
ou diminue, selon le plus ou le moins de
débit qu'on en a, et le profit qu'on en peut
faire. Dans des pays de vignes ou de hou-
blons, tous les bois qui peuvent fournir du
merrain, des perches, des échalats, des osiers
et des cerceaux, sont précieux; à portée des
forges, des mines et de quantité d'usine, ce
sont les bois propres à faire du charbon;
dans le voisinage des verreries, aux environs
des grandes villes, etc. on fait une grande
consommation de bois à brûler, et ainsi du
reste. C'est à quoi un propriétaire doit faire
attention, soit en plantant, soit en exploitant;
il peut s'attacher à l'agréable, sans toutefois négliger l'utile; mais il doit éviter de suivre la rou-
tine trop ordinaire, de ne planter par - tout

que deux ou trois espèces d'arbres, au lieu
qu'avec peu de soins, on peut consulter la
nature du sol, les arbres les plus utiles, et
balancer ainsi le produit et les agrémens qu'on
en pourra retirer. Je le répète, on ne sauroit
être trop attentif au choix des arbres qu'on a
à planter, et dont l'exploitation pourra un
jour produire une somme considérable. » Les
» gens sages et prudent (disoit feu Mr. du
» Hamel du Monceau) envisagent les bois
» de haute futaie, comme une ressource très-
» avantageuse pour les tems de besoin. On
» a coutume (continuoit-il) de considérer
» la vaisselle d'argent sous ce point de vue,
» mais il y a cette différence que cette vais-
» selle diminue de poids et perd de sa va-
» leur, à mesure que l'on en fait usage,
» au lieu que la valeur des bois augmente
» jusqu'à ce qu'ils commencent à dépérir ".
Soyons donc bien persuadés qu'en plantant
nos terres, nous en doublons le prix pour
notre postérité.

Avant de terminer ce chapitre, il me reste
à rapporter les signes auxquels on peut connoître la qualité du bois des arbres encore

sur pied, leur vigueur, leur défectuosité, combien il est de l'intérêt d'un propriétaire de ne point exploiter pour son compte, quels sont les arbres convenables à marquer, les imperfections de leurs figures, combien l'écorcement est avantageux aux arbres qu'on estime à être exploités, etc.

Un arbre en pleine vigueur a les feuilles vives, vertes et étoffées, sur-tout à la cime elles ne tombent que bien tard, ses branches sont vigoureuses, et, plus au sommet que vers le bas, en auroit-il même de jaunes, de languissantes, de mortes même, comme il y en a d'étouffées par les plus fortes, on ne peut rien conclure au désavantage d'un tel arbre : la bonne qualité du bois d'un arbre et sa vigueur se font encore remarquer par une écorce claire, fine, unie, à-peu-près d'une même couleur du pied aux grosses branches, et par de petites gersés au fond des rimes de la grosse écorce, qui suivent de bas en haut la direction des fibres ; on peut même juger que l'arbre profite et est très-vigoureux, si l'on apperçoit une écorce vive dans le fond de ces rimes ; ce

n'est pas un moindre signe de vigueur, lorsqu'au haut de l'arbre il y a des branches qui
s'élèvent et deviennent plus longues que les
autres, car tout arbre dont la tête est ar-
rondie, ne pousse pas avec beaucoup de force,
si au contraire on remarque aux arbres qu'on
veut acheter, une écorce terne, fort galeuse,
fendue et séparée d'elle - même en travers et
de distance en distance ; il est bon, pour
pouvoir mieux en connoître les défauts, de
n'en faire l'achat qu'après qu'ils auront été
abattus et équarris, de grandes taches blanches ou rousses sur l'écorce, venant de haut
en bas, des chancres, des cicatrices ; des
écoulemens de substance, etc. le long du
tronc, des loupes fréquentes, des excrois-
sances, ligneuses, les feuilles pâles, leur
chûte précoce, sont autant de signes de mauvaise qualité, et c'est pourquoi que la visite des bois, dont on veut faire l'acquisi-
tion, devroit se faire même avant la chûte
des feuilles. Il y a encore plusieurs autres
signes, mais l'énumération en seroit trop
longue : les acheteurs d'ailleurs en savent
toujours tirer parti, et même destinent le

rebut

rebut pour en faire du bois de chauffage ; terminons ces observations par renvoyer le lecteur à ce que j'ai dit au chapitre VI, sur la nature du terrein, l'exposition et situation, parce que toutes ces circonstances sont d'une grande influence sur la qualité des bois.

Ce seroit mal entendre son profit, que de vouloir exploiter pour son compte, c'est-à-dire lorsqu'on a de grandes ventes de bois et d'arbres à faire, d'autant qu'un propriétaire n'a point la ressource du marchand, qui sait tirer parti de tout, et qu'il devroit, faute de connoissances suffisantes dans ce commerce, payer plus cher que lui les ouvriers abatteurs, équarrisseurs, scieurs, etc. Lorsqu'on a dans ses bois ou plantations d'arbres, convenables à de grands ouvrages, ou qu'on a besoin soi-même d'en acheter, n'en trouvant point de propres dans ses terres, il faut bien se garder de marquer ceux qui ont quelques marques de retour, et dans les cas douteux, on doit consulter les gens les plus entendus à ces sortes d'inspection et d'exploitation : car, malgré les imperfections de figures des arbres, on en peut faire un très-bon usage ; ceux dont le

port est droit, seront recherchés pour tous
les ouvrages de charpenterie ; les courbes savent être employés utilement selon la différente qualité de leurs espèces et la quantité
d'ouvrages de charpente et de charronage auxquels ils peuvent être propres ; les noueux,
quoique sujets aux nœuds pourris et veines
de bois tendre, s'ils sont sains, sont préférables à bien d'autres, pour écluses, machines à frottemens, et tous les ouvrages de
charpenterie et de menuiserie, qui ne demandent, ni beaucoup de propreté, ni un
travail recherché, et qui sont dans le cas d'être
exposés à l'air ; enfin il n'y a pas jusqu'aux
arbres rafaux même, dont, avec peu d'attention, on ne puisse tirer parti.

Lorsqu'on a des arbres à exploiter dans
ses bois de futaie ou dans ses plantations,
on peut augmenter la solidité, la force et
la durée de leur bois, en les écorçant du
haut en bas, dans le tems de la sève, et en
les laissant ainsi sécher entièrement sur pied,
et tant qu'ils sont entièrement morts ; avant
que de les abattre, ce qui demande un, deux,
trois, ou tout au plus quatre ans : quoique

cette méthode ne soit pas nouvelle, et que Vitruve, dans son *Architecture*, et Evelin, dans son *Traité des forêts*, et plusieurs auteurs après eux la rapportent; le plus grand nombre d'expériences heureuses de Mrs. du Hamel et de Buffon en constatent suffisamment l'avantage, pour ne point y faire des objections : cette pratique devroit donc être adoptée, car l'aubier des arbres écorcés acquiert, en un ou deux ans, la force du bois parfait, elle dispense un propriétaire de le retrancher, comme on l'a toujours fait jusqu'ici, et lui donne l'avantage d'employer les arbres dans toute leur grosseur; cette différence est prodigieuse, puisque l'on aura souvent quatre solives dans un arbre duquel on n'auroit pu en tirer que deux, et un arbre de quarante ans pourra ainsi servir à tous les usages auxquels servira un de soixante ans, par conséquent le volume du bois est autant augmenté que sa force et sa solidité : nos savans académiciens ont encore observé que l'aubier du bois écorcé est non-seulement plus fort que l'aubier du bois ordinaire, mais même beaucoup plus que le cœur de

Chêne non écorcé. Mr. l'Abbé Sauri vient encore à l'appui de ces observations, en rapportant qu'on trouva dans la réparation du presbytère de Placy, en basse Normandie, une poutre ou sommier de *Chêne*, avec tout son aubier, dont l'écorce avoit été entièrement ôtée : au premier coup d'œil, dit-il, on la crut vermoulue, mais un meilleur examen la fit trouver très-saine et aussi dure que le cœur des meilleurs *Chênes*; l'année qu'on y trouva gravée, ne laissa aucun doute qu'elle ne fût là depuis trois cens trois ans, et cette attention à la marquer, prouve bien qu'on vouloit faire une expérience, et sa durée doit nous convaincre de l'utilité d'écorcer le bois, au moins un an avant que de l'abattre, sur-tout lorsqu'on se propose de l'employer dans les bâtimens, etc. Nous finirons de parler de l'écorcement des arbres, par observer que les *Pins*, les *Sapins* et autres espèces d'arbres toujours verds, dépouillés de leur écorce vivent plus long-tems que les *Chênes*, et que leur bois acquiert de même plus de dureté, plus de solidité et plus de force : enfin, n'ayant point été à même de pouvoir faire les belles et longues expériences de deux illustres savans, que j'ai cités plus d'une fois, voici les résultats de celles qu'ils ont suivies et faites avec soin, on peut s'y conformer sans crainte de se tromper; et leurs ouvrages, n'étant point entre les mains de tout le monde, je n'ai pu me dispenser de les rapporter ici.

1°. Il se trouve au moins autant de sève dans les arbres en hiver qu'en été. 2°. C'est au printems et en été que les bois se déssèchent le plus promptement. 3°. Il n'est cependant pas encore assez prouvé que, pour conserver aux bois toute leur bonne qualité, on doive les dessécher le plus promptement qu'il est possible. 4°. Les arbres abattus en hiver, quoique devenus secs, sont un peu plus pesans, que ceux abattus au printems ou en été. 5°. L'aubier des arbres, abattus en été, s'est mieux conservé que celui des arbres abattus en hiver. 6°. Tous ces bois cependant, quand on les a rompus, se sont trouvé à peu près de la même force les uns que les autres. 7°. Quant à la pourriture, elle a affecté à peu près également le bois

G 3

des arbres abattus dans toutes les saisons de l'année; il est vrai qu'il s'en est trouvé de bons et de mauvais, ceci sera donc arrivé par un effet du tempérament particulier de chacun de ces arbres, et indépendamment de celui des saisons dans lesquels on les avoit abattus. 8°. On a trouvé, dans la plupart des épreuves, les pièces abattues au printems et en été plus fendues que celles, qui l'avoient été en hiver. 9°. On a cru appercevoir un peu plus de dureté en travaillant les bois abattus dans le printems et en été, que ceux coupés en hiver. 10°. On doit regarder comme un prétexte dénué de toute preuve, la préférence qu'il y en a qui donnent au décours de lune pour abattre les arbres. 11°. Il faut cesser ses abattages pendant les grands vents, mais il est indifférent de les faire quand le vent est au nosd ou au sud. 12°. Enfin, il faut les discontinuer lorsque les gelées sont fortes.

Je ne puis mieux finir ce chapitre, qu'en rapportant, d'après Mr. Pannelier d'Annel (qui présenta, il y a quelques années, à Louis XVI, par lequel il avoit été chargé du repeuplement de la forêt de Compiegne, un essai sur l'aménagement des forêts) quelques faits essentiels dans la manière d'exploiter les bois. 1°. Il prouve le désavantage des arbres venus en *massifs de futaie*, qui sont absolument sans qualité, et conclud qu'étant *toujours tendres*, ils ne peuvent pas servir pour les constructions, quand même ils auroient de la grosseur et donneroient des pièces de longueur. 2°. Il démontre que l'exploitation des taillis, lorsqu'elle est bien réglée, est la seule bonne, en évitant sur-tout les coupes trop fréquentes et la trop grande quantité de baliveaux, qui nuit souvent à la crue du taillis. 3°. Il observe que l'unique moyen de déterminer les âges auxquels il convient d'exploiter les bois, est de connoître la marche de la nature dans leur accroissement, et rapporte ensuite quatre faits avérés. I. Les arbres qui croissent ensemble et serrés, acquièrent de la hauteur; mais presque aucune grosseur, et ne viennent jamais droits. II. Lorsqu'on les isole, ils ne s'élèvent plus. III. Isolés à certains âges, ils grossissent et se redressent en même tems. IV. A d'autres âges, ils ne font que languir, et finissent bientôt par périr. 4°. L'aménagement de l'auteur consiste à régler les coupes périodiques des bois à des âges moyens et combinés, pour avoir des taillis en bonne valeur, qui produisent continuement et fournissent abondamment du bois, et sur lesquels, en même tems, on puisse réserver des baliveaux, qui deviennent de beaux arbres, ayant toujours égard à la nature des terreins, aux besoins du pays, et aux débouchés du commerce : à exploiter les forêts aux âges auxquels les souches repoussent et les baliveaux se soutiennent, profitent et peuvent devenir de beaux arbres, en les réservant en certain nombre, pour être coupés aux âges de vingt à quarante ans ; car c'est aux révolutions comprises entre ces deux termes, qu'il convient de couper tous les bois, sans en exploiter aucun au-dessous de vingt ans ; (excepté certaines essences de bois, qui doivent l'être plutôt) ni plus tard qu'à quarante. Ceux qui sont trop âgés pour repousser, doivent être arrachés, et les terreins qu'ils occupent, replantés, comme faisant partie des

vides : enfin, ce que Mr. Pannelier d'Annel
avance sur l'augmentation du produit de l'exploitation des forêts (car il n'est pas possible de suivre ce savant auteur dans tous
les détails lumineux dans lesquels il est entré) est prouvé par des calculs fondés, non
sur des hypothèses, mais sur des faits.

CHAPITRE IX.

Des Arbres.

JE vais décrire à présent de la manière la plus simple et la plus concise, tous les arbres, arbrisseaux et arbustes du pays, et les arbres étrangers, que plusieurs amateurs ont commencé à y naturaliser depuis quelques années, et dont la réussite donne les plus grandes espérances. Je ferai connoître chaque arbre par ordre alphabétique, et à chaque article, je joindrai tout ce que je pourrai pour l'intelligence du lecteur, tant pour lui faciliter les connoissances et les distinctions que je désire qu'il acquiere, que pour l'avantage qu'il en pourra retirer. Indépendamment des noms françois et latins, je joindrai à l'article de chaque arbre, les noms qu'on leur donne en flamand, en wallon et en anglois; je ne me flatte cependant pas de réussir à leur donner les vrais noms flamands et wallons, d'autant que ces idiomes varient dans chaque province, ou plutôt dans chaque village. Il est vrai que, pour le flamand, l'*Herbier* de Dodonœus m'a été d'un grand secours ; mais, pour le wallon, j'ai dû m'en rapporter à des bucherons ou à des ouvriers de campagne, et encore j'avoue que je suis fort éloigné d'y avoir réussi selon mes désirs ; tout ce que je demande au lecteur est de vouloir m'accorder quelqu'indulgence en faveur du zèle et de la bonne intention que j'ai eus.

Je parlerai aussi de quelques arbres fruitiers, dont les variétés méritent à tous égards d'être cultivées : lorsque ces arbres seront connus dans le pays, je passerai fort légèrement sur leurs articles, me contentant de les faire connoître : j'agirai de même à l'égard de nos arbres forestiers ; mais dès qu'il sera question d'arbres étrangers ou d'ornement, je tâcherai d'entrer dans des détails essentiels, quoique toujours d'une manière fort laconique ; mon ouvrage n'étant qu'un simple MANUEL, mis à la portée de tout le monde, et non pas un traité fait la plupart du tems pour les personnes aisées, et auxquelles le loisir ne manque point. Pour le rendre vraiment utile, j'ai supprimé tous les autres details scientifiques, et me suis contenté de renvoyer les curieux aux auteurs qui ont traité de la physique des arbres, de leur nature, de leurs maladies, etc. car il m'a paru qu'il étoit plus nécessaire de donner une simple description des différentes espèces ou variétés d'arbres, pour mettre un propriétaire à même de les distinguer et d'en tirer parti, que de vouloir lui meubler l'esprit de choses plus agréables qu'intéressantes.

Enfin j'ai trouvé convenable d'ajouter encore à ce chapitre différentes remarques; j'espère que, toutes simples qu'elles puissent être, elles seront goûtées des propriétaires qui savent s'occuper de l'embellissement de leurs terres, préférant d'être instruit à l'avantage d'être amusés; recherchant tout ce qui peut être utile, sans dédaigner entièrement ce qui peut être agréable : c'est pour eux que j'écris, et cet aveu sert de réponse à ceux qui n'aiment que de l'agrément et de la magnificence, parce que tout ce qui tend à l'utile est sérieux, et que le sérieux ennuie. Les plaisirs factices de la ville se sont tellement emparés de la plupatt des hommes, qu'ils

veuillent les retrouver à la campagne, dans
le tems qu'ils y fixent leur séjour; on n'y va
plus qu'accompagné du luxe, de la bonne
chère et de cette duplicité même, qui ne règne
que trop dans le commerce de la vie d'aujourd'hui; il n'y a plus que ces gens d'un
mérite rare, et doués d'une saine philoso-
phie, qui s'y retirent avec le désir d'y goû-
ter cette heureuse et innocente tranquillité,
ce ne sera point eux qui y trouveront tout
insipide, l'amour seul d'y faire du bien, l'ordre et une bonne conduite dans leurs affai-
res, leur application à augmenter leurs possessions, autant et même plus pour l'utilité
que pour le plaisir, les dédommageront de
la privation de ces faux plaisirs d'éclat et de
bruit. Qu'il est doux pour un seigneur d'aller passer quelques mois de l'année dans ses
terres, pour n'y faire que du bien, pour rendre ses vassaux heureux, en y faisant règner
la paix; il a rarement à se repentir de sa
bienfaisance, j'en ai vu des exemples, et
je n'oublierai de la vie la sensation que me
fit la réponse d'un gentilhomme, avec lequel,
étant en France, je me trouvai à la cam-

pagne ; je lui demandois s'il avoit du gibier,
et s'il lui falloit beaucoup de gardes : *assez,
me dit-il, pour m'amuser avec mes amis, et
pour gardes j'ai mes vassaux.* Prenons exemple de cet homme respectable par ses lumières et ses connoissances, et par le bien qu'il
répandoit à pleines mains dans ses terres,
nous n'aurons plus de paysans tracassiers,
plus de braconniers, etc. etc. car le paysan
est souvent, comme l'enfant, tel qu'on le
fait : heureux donc ceux qui pensent ainsi, et
qui non-seulement compatissent aux maux de
l'humanité, mais qui savent aussi y apporter
du soulagement, le don d'un pareil penchant
et le bonheur de savoir vivre avec soi-même,
ne sont pas un petit bien, c'est là du moins
ma façon de penser : tout au plus quelques
amis, sur-tout s'ils sont tels que j'en connois.

En travaillant à ce chapitre, j'ai senti que
la dendrologie étoit une partie des plus utiles de l'agriculture et de la botanique, cette
persuasion, en augmentant mon goût et mes
recherches (dont les résultats seroient plus
considérables, si quelques motifs ne s'oppo-
soient aux nombreux essais qu'elle entraîne

après elle) m'a fait juger, qu'en voulant s'occuper des arbres, tant forestiers que fruitiers,
la première attention d'un propriétaire devoit être de placer les arbres dans le terrein
qui leur convient.

Les terres donc fortes et profondes, sans
aucun mélange de gravier, sont propres aux
Peupliers, à quelques espèces ou variétés
d'*Orme*, aux *Platanes*, aux *Cèdres* du Liban; celles un peu plus fraîches conviennent
aux *Saules*, à l'*Aune*, etc.

Les terres légères, si elles ont du fond,
conviennent encore à l'*Orme*, au *Frêne*, au
Noyer, au *Platane*, à l'*Abricotier*, au *Cerisier*, au *Poirier* et au *Pommier*; elles con-
viendront au *Chêne*, au *Mûrier*, au *Hêtre* et
encore au *Noyer*, si elles sont mêlées de gravier ou de roches ardoisées ; le *Prunier*, le
Pin, le *Mélèse*, le *Sapin* et le *Bouleau* y
croîtront très-bien, si elles sont mêlées de
sable ; mais il ne faut y hasarder que le *Pin*,
si le sable est pur : si le gravier est presque
sans mélange de terres, il ne peut guères y
venir que du *Bouleau* et du *Chêne* verd ordinaire, dans les climats où cet arbre ne gèle

point. Les *Mûriers* et les *Noyers* ne croissent point mal encore dans les terres peu graveleuses et brunes, et les *Pins* existent même au milieu des roches, et les *Chênes* verds aussi, ainsi que je les ai vus dans les provinces méridionales de la France. Un propriétaire peut, d'après ce petit exposé, monter ses pépinières et disposer ses plantations ; car c'est en les accordant avec le terrein qu'on est sûr de réussir, et qu'en mettant plus de choix et de soins dans ses plantations, il parviendra à réparer, dans ses terres, la perte que sa négligence ou le peu de connoissances de ses prédécesseurs y avoient occasionnée.

Indépendamment des soins et des attentions, qu'un propriétaire curieux prend pour la plus grande conservation de ses arbres forestiers, il ne perdra point de vue le parti qu'il pourra tirer dans la suite par la multiplication de certaines espèces d'arbres étrangers, comme *Platanes*, *Mélèses*, ect. et, en s'attachant à l'utile, ne négligera point l'agrément qu'on peut avoir dans la culture de bonnes espèces d'arbres fruitiers : il est vrai, que les tems contraires, que nous essuyons quelquefois au

printems,

printems, et qui semblent devenir plus fré-
quens, depuis quelques années, dégoûtent les
plus zélés, mais consolons-nous sur ce que
toutes les années ne se ressemblent point, et
qu'une bonne souvent nous dédommage du
dégoût et de la perte que nous avons eu par
plusieurs mauvaises ; d'ailleurs, si nous con-
sidérons que la plupart de nos arbres à fruits
sont exotiques, et qu'ils ne se sont natura-
lisés à ce climat qu'à la longue et par les soins
que nous leur avons donnés assiduement, nous
ne nous récrierons plus tant, et le dégat que
leur fait une simple gelée de printems, ces-
sera de nous surprendre : nous ne devons
cependant point négliger les moyens d'y obvier, et certains petits secours qu'on peut mettre en usage, selon les différens cas, qui se
présentent dans le cours d'une année ; les amateurs, qui les ignorent absolument, ne seront
pas fâchés, je crois, de les trouver ici.

Je commence par observer que, pour re-
tarder le développement des fleurs, il y en a
qui font dans l'automne, une ligature à la
tige de jeunes arbres ; cette compression ra-
lentit le mouvement de la sève, et l'arbre en

fleurit plus tard : que d'autres, comme le dit le célèbre Comte de Buffon, pour mettre à fruit des arbres gourmans et qui poussoient trop vigoureusement en bois, ont fait enlever, dans le printems, en spirale, l'écorce de quelques branches de leurs arbres; ces branches donnèrent des fruits, et le reste poussa trop vigoureusement, et demeura stérile; Mr. Buffon assure encore, dans ses savans mémoires, d'avoir quelquefois serré la branche ou le tronc de l'arbre avec une petite corde ou de la filasse, et que l'effet en étoit le même : » j'avois, » dit-il, le plaisir de recueillir des fruits sur » ces arbres stériles depuis long-tems "; que, lorsque les feuilles des arbres fruitiers deviennent jaunes, ce qui arrive quelquefois par le défaut de suc nourricier, on met aux pieds des arbres, pour les guérir de cette maladie, de la suie et des cendres, si c'est dans des terres légères; et du fumier de pigeon, si c'est dans des terres froides : l'eau, dissolvant les sels renfermés dans ces matières, y monte avec la sève dans l'arbre, qui reverdit aussitôt et prend comme une nouvelle vie; que si pendant les grandes chaleurs de l'été, les feuilles de quelques arbres fruitiers penchent et se fanent, on doit alors en arroser les feuilles, l'humidité, qui entre dans leurs vaisseaux absorbans, répare la trop grande transpiration occasionnée par la chaleur et le feuillage se ranime; que le vent d'est et de nord-est, qui règnent assez souvent dans le printems, occasionnent dans les plantes une si grande transpiration, que les fruits coulent et les fleurs se détachent, dans ce cas on doit arroser les arbres de plusieurs seaux d'eau : qu'enfin lorsque les arbres sont couverts de mousse, d'agaric et de lichens : (dans les terreins humides ils sont quelquefois sujets à cette maladie) certains cultivateurs conseillent de les déchausser et d'y mettre du fumier de mouton; et les Anglois, qui ont observé que la mousse d'arbre fleurit pendant l'hiver, la font ratisser dans ce tems, et couper quelques-uns des arbres de verger, lorsqu'ils y sont trop serrés et que l'air n'y circule pas facilement, ayant grand soin de donner des labours au terrein qui reste entre les arbres.

Je continue encore par observer que le meilleur remède, pour guérir les arbres d'une espèce d'ulcère coulant, qui altère leur écorce et même les bois, est de couper jusqu'au vif l'endroit malade, qu'on enduit ensuite de bouse de vache; la même opération doit se faire aux parties des arbres fruitiers, dans lesquels s'extravase la gomme : on pourroit prévenir cette maladie, qui attaque quelquefois le bois, et dont il découle une liqueur sanieuse, en leur faisant des incisions : que pour garantir les arbres de la gelée, il y en a qui conseillent d'arracher les feuilles avant qu'elles tombent, peu-à-peu et en plusieurs jours; des arbres assez délicats peuvent ainsi être conservés, parce que leur suc, devenant avant l'hiver plus huileux, et étant aussi moins abondant, ils ne sont plus sujets aux mêmes inconvéniens ; les amateurs pourront aisément s'en assurer avant d'agir plus en grand, en faisant l'expérience sur les petites branches du sommet des arbres, qui gèlent assez ordinairement, et ils observeront de dépouiller les premiers les arbres aqueux, (avec la précaution de n'en pas arracher les boutons) les arbres exotiques, ceux nouvellement plantés, plutôt que ceux qui le sont

depuis long-tems ou qui ont été long-tems
dans le pays; en général les plus aqueux
poussent les premiers leurs feuilles au printems : que plusieurs arbres, entr'autres des
Poiriers et des *Péchers*, qui annonçoient un
mauvais état par leurs feuilles jaunes, ont
été ranimés, en labourant le pied et en mêlant à cette terre labourée de la houille calcinée; cette opération les fit pousser avec
vigueur, ils reprirent des feuilles vertes, et
donnèrent les plus belles productions : qu'aux
Péchers on ne doit que répandre de la houille
calcinée au pied de l'arbre, ayant soin d'arroser les feuilles, car elles sont sujettes à être
gâtées par les moucherons et fourmis; ceux
qui se sont servi de cette méthode, ont eu
la satisfaction de leur voir pousser de très-
beaux fruits : que la maladie, produite par
une trop grande quantité de sucs grossiers,
qui fait pousser aux arbres une abondance
prodigieuse de feuilles, en les empêchant de
donner des fleurs et des fruits, se guérit par le
retranchement de grosses racines, ou mieux
encore par la taille.

Je termine ce chapitre par faire connoître

à ceux qui voudront bien le lire, les quatre articles suivans, que j'ai jugés trop importans pour les en priver.

Le premier est une opération de jardinage fort récente, c'est l'application des cautères aux arbres; elle se fait dans le printems jusqu'au commencement de juillet sur les branches, sur le tronc et même sur les racines, avec la précaution de n'appliquer qu'un cautère sur chacune de ces parties en même tems : il est essentiel, pour réussir, que la partie des branches, du tronc, des racines, sur laquelle on voudra l'appliquer, soit jeune, vigoureuse, lisse et unie; la manière d'opérer consiste à couper avec la pointe d'une serpette l'écorce d'un arbre, de la longueur de deux ou trois pouces, et d'entamer un peu le bas de la tige, évitant, autant qu'il est possible, de faire l'incision du côté du midi, parce que l'ardeur du soleil pourroit faire gerser cette fente, si on la fait de ce côté, on appliquera un linge dessus, pour garantir la plaie, ensuite on prend un petit coin de bois dur, de la longueur de l'incision, et on l'enfonce, afin qu'il puisse en remplir le fond et empêcher la réunion de la plaie. On ne va visiter la plaie et la nettoyer qu'au bout de deux ou trois jours, pour donner le tems à la sève d'y arriver; si l'opération est faite à un arbre à pépin, on y trouve de l'humidité; si c'est un arbre à noyau, il en découle de la gomme : on remet encore le coin, et au bout de quelques jours on fait une seconde visite à l'arbre; on laisse subsister ce cautère pendant un mois, ayant soin chaque fois de nettoyer la plaie; ce terme écoulé, on nettoie bien la plaie, on la remplit de bouse de vache, on la recouvre de linge et elle se referme. Il est à remarquer que, si on opère sur les racines, on doit en découvrir deux principales, d'un pied environ de long, et on doit poser un pot dessous pour en recevoir l'humidité, afin de pouvoir visiter la plaie tous les deux jours, on recouvre le trou de grande litière, et lorsqu'on veut la refermer, on prend de la terre bien amendée pour la boucher.

Procurer aux arbres une ample végétation, enlever les obstructions, purger la masse de la sève, lui donner plus de jeu, rendre le ressort aux parties, en supprimer les humeurs superflues, sont les effets des cautères, et les bons résultats qu'on en tire sont, 1°. de faire percer des boutons et des bourgeons, dans les endroits de l'écorce des arbres qui en paroissent entièrement dénués; 2°. d'attirer la sève dans toutes leurs parties.

Le second est un moyen de se procurer de beaux espaliers, et d'éviter l'inconvénient qu'éprouvent les arbres en espalier, en les plantant comme on fait ordinairement : c'est donc de planter, à la distance de six pieds les uns des autres, des arbres nains, pour garnir le bas des murs, ensuite d'élever d'autres arbres fruitiers avec des tiges fort hautes, qu'on met en terre à huit pieds du mur, en les couchant et faisant passer la tige dans un tuyau creux de terre, les arbres vont ainsi se relever le long du mur, et poussent des branches, qui garnissent la partie moyenne de l'espalier; leurs racines alors peuvent profiter, parce qu'elles ne se nuisent point les unes aux autres; les tiges, couchées dans leur longueur, ne savent pas pousser des racines qui aillent se confondre avec les racines voisines, et les fruits qu'ils portent en deviennent d'autant plus beaux.

Le troisième est une méthode pour multiplier les arbres qui se refusent à celles qu'on emploie le plus communément : c'est la multiplication par les racines; on lève à cet effet la terre qui les couvrent, on en coupe les deux tiers en travers, et on ôte toutes les fibres letérales sur la longueur de sept ou huit pouces, on enduit alors toutes les parties blessées avec le mastic, dont je donnerai dans l'instant la compostion : on doit faire tenir la partie tranchée de la racine de plus de cinq pouces de longueur hors de terre, en la contenant dans cette situation à l'aide d'un bâton fourchu : la partie exposée à l'air pousse des branches et des feuilles, on peut au printems suivant les séparer tout-à-fait; on est sûr qu'elles réussiront; lorsque les boutures des arbres, qui peuvent se multiplier de cette manière, ne réussissent point, on y remédie en enduisant avec le mastic suivant la partie qui étoit en terre et qui a pourri, car c'est la cause la plus ordinaire de ce manquement.

Pour faire ce mastic, on fait fondre ensemble une demi-livre de térébenthine et deux livres et demie de poix commune, auxquelles on ajoute six onces d'aloës en poudre. Ce mélange s'enflamme, ainsi, crainte de feu, on doit faire l'opération en plein air, on éteint le feu, en mettant promptement un couvercle, on réitère cette inflammation jusqu'à trois fois; on ajoute alors à ce mélange trois onces de cire jaune et six gros de mastic en poudre, on le laisse refroidir; lorsqu'on en a besoin, on en casse un morceau, qu'on fait fondre dans un pot, on l'étend ensuite sur la partie qu'on veut enduire : si c'est une bouture qu'on veut mettre en terre, on est sûr que cet enduit l'empêchera de pourrir, car il y en a qui y sont sujets, et j'en ai eu l'expérience plus d'une fois.

Le quatrième et dernier est un moyen simple et peu cher, qu'employoit un amateur célèbre, pour défendre les fruits des espaliers de toutes les injures du tems, qui les ruinent si communément à l'entrée du printems, et c'est principalement à l'égard des fruits à noyau, dont tout le monde en général est si curieux : ce moyen enfin est de se servir de toiles claires, qu'on nomme *treilli* ou *toile d'emballage* : (les tapissiers, comme les emballeurs, s'en servent également pour rembourer les sièges) dès que les arbres à fruit en espalier, qu'on veut garantir, commencent à fleurir, on doit dresser ces toiles, en couvrant l'espalier depuis le chaperon jusqu'à un pied de terre, on doit la border tout autour d'un ruban de fil, pour pouvoir l'étendre solidement sans l'érailler, on doit aussi y attacher des ficelles, qu'on lie par le haut et par les côtés aux espaliers, en tenant la toile en avant sans toucher aux arbres; à l'égard du bas, on enfonce en terre des piquets à un pied de distance du mur, on y lie la toile avec des ficelles, ayant toujours soin de la bander le plus qu'on peut, tant en hauteur qu'en largeur, pour que le vent ne la fasse point vaciller; au moyen de cette précaution, les espaliers ne sont pas privés du bénéfice de l'air et du soleil dont ils ont nécessairement besoin, et sont à l'abri des gelées du printems, que la toile modère, de la mauvaise influence des pluies froides qu'elle détourne, l'eau devant

couler sur la superficie des toiles sans toucher aux arbres ni aux fleurs; ces toiles ont
encore l'avantage de perdre en quatre mi-
nutes l'humidité des pluies, par un rayon de
soleil ou un simple vent; enfin, ni la neige,
ni les giboulées, ni les givres ne peuvent
passer au travers. On peut laisser ainsi ses
espaliers pendant deux mois, ou tant que
les fruits se trouvent parfaitement noués. Les
amateurs doivent bien voir que le moyen,
que je viens de donner, obvie au désagré-
ment de perdre la plupart de nos fruits par
les vicissitudes et les tems fâcheux, que nous
éprouvons presque chaque année au printems ; parmi tous ceux qui ont paru relatifs
à cet objet de conservation, les uns étoient
trop dispendieux, et les autres ne remplis-
soient pas entièrement le but qu'on s'étoit
proposé.

Le moyen qu'emploie Mr. Mallet, professeur d'agriculture, pour préserver les arbres
des effets de la gelée, pourvu qu'elle n'aille
pas à plus de trois dégrés au-dessous du
terme de congélation, est trop simple et
trop ingénieux pour ne point trouver place

ici : il consiste à arroser la fleur elle-même de très-grand matin et avant le lever du soleil. Cette pluie artificielle ramollit le parenchyme, dissout les sucs congelés et rétablit leur circulation dans les vaisseaux : c'est ainsi qu'il préserve constamment ses arbres fruitiers.

Je passe à présent aux articles des arbres, arbrisseaux et arbustes, tant indigènes qu'exotiques, et tant fruitiers que forestiers, et je préviens que ce sera en suivant l'ordre alphabétique.

ABRICOTIER, en latin *Armeniaca-malus*, en flamand *Abricot-boom*, en wallon *Abricoty*, en anglois *the Apricot*.

Cet arbre tire son nom de l'Arménie, province d'Asie, d'où il est originaire et d'où il fut porté en Europe : les Grecs l'appellèrent *Chrysomélon*, c'est-à-dire *Pomme d'or*, et les Romains donnèrent à ses fruits le nom de *Mala armeniaca*, Pommes d'Arménie.

Il n'y a point de jardin fruitier où il ne s'en trouve, soit en espalier, soit en plein vent. Les fruits des *Abricotiers* de plein vent ont toujours plus de goût que ceux des *Abricotiers* en espalier; mais comme leurs fleurs paroissent les premières de tous les arbres fruitiers, les gelées, les neiges et les grésils de notre printems leur sont très-nuisibles, et nous privent le plus souvent de ces bons fruits; mais les gelées de cette saison, qui sont sèches et pas trop fortes, ne les endommagent point : aussi, quand ils réussissent, on en mange très-tard dans nos provinces, et même quelquefois jusqu'à la fin de septembre; comme on n'a pas toujours des situations assez heureuses pour les préserver de ces mauvais tems, il faut, à l'imitation des maragers autour de Paris, prendre un parti mitoyen, en tenant nos *Abricotiers* les plus bas qu'il est possible, c'est-à-dire en demi-tiges, taillées par la tête en entonnoir on en buisson, par ce moyen ils sont moins exposés aux vents et ne gênent point la culture des légumes qui croissent dessous.

On greffe l'*Abricotier* en écusson et à œil-dormant sur les *Amandiers*, sur les *Abricotiers* de noyau, *Pruniers* de St. Julien, *Damas* noirs et *Cerisettes* : j'en ai vu greffer en fente, mais il faut du bois de deux ans, encore le succès n'en est-il pas sûr.

La greffe sur l'*Amandier*, est en usage pour les *Abricotiers* qu'on veut planter dans des terres sèches, sablonneuses et légères, et on emploie celle sur les *Pruniers* pour les terres franches, fraîches, et même qui n'auroient pas beaucoup de fonds : il est cependant bon d'observer que l'abricot greffé sur le *Prunier* de Damas noir, est préférable.

On peut aussi multiplier par la greffe l'*Abricotier à feuilles panachées de jaune* et celui *à fruit noir* ; j'ai vu le premier à Montbart en Bourgogne, chez Mrs. de Buffon et d'Aubenton, où il faisoit un effet très-agréable dans les bosquets d'été.

Lorsqu'on veut transplanter des vieux *Abricotiers* qui ont déja porté du fruit, on aura l'attention de ne point abattre les branches à fruit, parce qu'il a été prouvé plus d'une fois que cet arbre, étant le plus vivace de tous ceux à fruits, donnoit de fort beaux abricots dans la même année, au lieu qu'il en arrive tout autrement avec les *Abricotiers* qu'on plante jeunes et foibles, c'est pourquoi il faut les prendre forts, afin de ne pas attendre deux ou trois années pour avoir du fruit.

Je ne vais parler que des abricots les plus connus et les meilleurs, d'autant que l'*Abricotier* fait presqu'autant de variétés que l'on met de noyaux en terre ; je suivrai, dans cette indication, les savans auteurs françois, hollandois, etc. qui en ont traité, et par ce moyen, les amateurs pourront s'adresser plus aisément aux pépinières de France, de Hollande et de nos Provinces Belgiques, dont j'indiquerai les principales à la fin de cet ouvrage.

N°. 1. *ABRICOT de Bois-le-duc* : il est grand, sa couleur est jaune, tachetée et mouchetée quelquefois d'une couleur de pourpre fort haute, le goût en est délicieux.

N°. 2. *ABRICOT de Bréda* ou *double* : il est originaire d'Afrique ; en France il est connu sous le nom d'*Abricot angoumois* ou *Abricot rouge*, parce qu'on en cultive beaucoup dans cette province : en Angleterre, Miller le fait connoître sous le nom d'*Abricot*

cot de Bréda, dans l'Angoumois et en Angleterre on le tient presque toujours en plein vent, il y est exquis, et les Anglois le préfèrent à tous les autres, le climat, la différence du sol, l'espalier ou le plein vent en font varier la grosseur : son goût est très-savoureux dans notre climat et l'arbre très-fertile.

N°. 3. *ABRICOT hâtif, petit, simple* ou *princesse* : c'est l'*Abricot précoce* de du Hamel et le *the masculine Apricot* de Miller; on l'estime en Hollande pour le plus délicieux et le plus hâtif, mais il n'est pas fort fertile, les tems contraires de nos printems peuvent en être la cause principale ; cet *Abricotier* est très-bon pour enter en écusson sur des *Pruniers*, et d'y greffer ensuite des pêches.

N°. 4. *ABRICOT d'orange* : il est connu dans Miller sous le même nom, et Mr. du Hamel nous le fait connoître sous le nom d'*Abricot de Hollande* ; il est un peu plus petit que l'abricot de Bréda; sa chair est d'un jaune foncé comme celle d'une orange, ainsi que sa peau, qui souvent est plus ou moins parsemée de petits points bruns ; le fruit en est excellent et l'arbre extraordinairement fertile.

Tome I.   I

N°. 5. *ABRICOT blanc* : c'est le plus grand de tous, son fruit a très-peu de saveur, et n'est bon que pour étuver ou confire, sa couleur est d'un jaune pâle ou blanchâtre.

Voilà les cinq espèces ou variétés d'abricots, que le savant fructologiste Jean-Herman Knoop dit connoître dans les Pays-Bas, malgré ce qu'en disent certains catalogues de marchands d'arbres; les quatre suivantes sont connues en France et même ici.

N°. 6. *ALBERGE* : il vient des confins de la Touraine du côté du Poitou, on n'en fait point de cas, même en France ; il est petit, très-sec, sa chair devient filandreuse, et il ne quitte pas le noyau; son usage se réduit à la marmelade, parce qu'étant cuit il a plus de parfum que les autres.

N°. 7. *ABRICOT-Péche* : il ne doit son existence, dit Mr. l'Abbé Rozier, qu'au mélange accidentel des parties sexuelles des *Abricotiers* avec celles des *Péchers* ; je suis très-fort de ce sentiment, et les raisons de ce savant observateur sont très-plausibles; Mr. de la Brétonnerie le dit originaire du Piémont, et qu'il se distingue des autres, à ne pou-

voir s'y tromper par le noyau ; en y enfonçant une épingle dans le trou du côté de
la queue, et la poussant jusqu'au bout, si
le noyau s'ouvre, vous êtes certain que c'est
le véritable *Abricot-Pêche*, le noyau de toute
espèce ne pouvant s'ouvrir de même : son
fruit est fort rond et plus gros que celui de
l'abricot ordinaire, sa chair est rougeâtre et
remplie d'un jus sucré, vineux et parfumé ;
on l'a confondu et on le confond encore
souvent avec l'abricot angoumois et avec
l'abricot de Nancy.

Il se greffe sur le *Prunier*, l'*Abricotier*,
le *Pêcher* et sur-tout sur l'*Amandier* ; quoiqu'il se place également par-tout, on doit
préférer de le mettre en espalier au midi, à
cause qu'il est plus délicat et sujet à être
gelé, particulièrement en plein vent.

N°. 8. *ABRICOT de Nancy* : il est fort
inférieur à l'abricot-pêche, quoiqu'il soit gros
et d'un goût assez délicat, sur-tout quand
nos étés sont chauds, et que l'arbre est planté
dans une terre légère et en espalier au levant, c'est pourquoi on le confond quelquefois avec l'abricot-pêche.

Nº. 9. *ABRICOT de Bruxelles*, ainsi nommé par les Anglois : il doit être cette espèce ou variété d'abricot, qui vient fort bien en plein vent dans ce pays-ci ; le fruit en est beau, médiocrement gros, à-peu-près ovale, rouge, avec des taches noires du côté du soleil, mêlé de verd et de jaune sur le côté opposé, il a la chair ferme, beaucoup d'odeur, et est sujet à se fendre avant sa maturité.

La meilleure exposition dans ce pays, pour les espaliers d'abricots, est celle du levant au midi, mais sur-tout celle du sud-est : (mieux connue de la plupart des jardiniers sous le nom de celle *du soleil de dix heures*) le tems de leur maturité varie selon les espèces ; mais plus encore dans notre climat, selon que la chaleur se sera déclarée plus ou moins tôt.

L'*Abricotier* croît très - bien dans toutes sortes de bonnes terres sablonneuses ou argilleuses, sur-tout lorsqu'il est greffé sur l'*Abricotier* de noyau : il est sûr que ces *Abricotiers* de noyau sont d'excellens sujets, disoit feu Mr. du Hamel, pour recevoir la greffe des *Abricotiers* francs, des *Pêchers* et des *Pruniers*, on doit y avoir égard, si on veut se former des pépinières d'arbres fruitiers.

Je termine cet article par observer qu'on fera fort bien d'étêter les *Abricotiers* en espalier, tous les six ou sept ans, pour les renouveller; feu Mr. du Hamel a fait à-peu-près la même remarque en disant, » que, » lorsque le bois est trop vieux et que le fruit » dégénère, il est bon de rapprocher l'ar- » bre, qui reperce facilement, se rajeunit et se » renouvelle ».

ALIZIER, en latin *Cratagus*, en flamand *Wilden-sorben-boom*, en wallon *Alizier*, en anglois *Wild* ou *Maple-Leaved Service*.

L'*Alizier* est un arbre forestier et fruitier, l'écorce en est lisse et cendrée, il se charge ordinairement d'une grande quantité de branches, qui le rendent touffu; en hiver elles sont terminées par un bouton semblable à celui du *Poirier*, les feuilles sont en forme de cœur, à sept angles, dont les lobes sont divergens.

L'*ALIZIER* ordinaire, N°. 1. de du Hamel

I 3

et N°. **2**. de Miller, est un arbre de forêt qui a quelque rapport avec le *Cormier* et le *Sorbier*, on n'en voit cependant point dans celles de nos provinces, excepté dans les bois et la Fagne de Chimay, où il est fort commun et d'où on m'en a envoyés, il y a **17** ans, que j'ai fait planter dans un petit bois de ma terre de Saintes en Hainaut, plusieurs y ont réussi, malgré la qualité médiocre du sol; leur accroissement est lent, c'est une des propriétés de cet arbre qui est de moyenne grandeur; on m'a mandé de Chimay qu'il en étoit de même de ceux qui croissoient dans leurs bois où il vient sans culture dans les terres séches et autres : mais il est aussi rare dans la Thierache que commun dans la Fagne, où il fait partie des bois-taillis et où il n'arrive guère d'en voir un seul baliveau de trois âges, c'est-à-dire de soixante ans, on en laisse peu en baliveaux, sa crue étant aussi lente que celle du *Charme* : son bois qui est assez dur et propre à faire des meubles solides, peut être employé utilement, d'autant que cette espèce et plusieurs autres l'ont assez approchant du *Mérisier*, aussi peut-il servir aux mêmes usages et il fait un très-beau bois de chauffage.

Les Alizes, qui sont les fruits de *l'Alizier*, étant molles, comme les néfles, sont bonnes à manger et ont le goût assez agréable; elles sont astringentes et propres à arrêter les diarrhées et les tranchées, c'est à cause de cette propriété que cette espèce d'*Alizier* est appellé en latin *Sorbus torminalis*; on fait aussi avec ces fruits, un vin passable, soit en les exprimant, soit en les mettant entiers dans un tonneau où l'on verse de l'eau à proportion, en les laissant ainsi fermenter deux ou trois jours.

Cet *Alizier* est propre à faire de petites allées et à être mis dans les remises et bosquets d'automne où son fruit attire les oiseaux : les espèces rares peuvent aussi se greffer dessus.

Dans le nombre de ses espèces ou variétés on peut distinguer les suivantes.

L'ALIZIER, dit *l'Aria de Théophraste*, est le Nº. 1. de Miller, ses feuilles sont ovales, inégalement dentelées, et velues par-dessous; il est commun en France du côté de Langres, en Bourgogne, sur-tout près de St. Seine, où je l'ai vu; dans les Alpes, le Dauphiné, ect.

I 4

il y est très-connu sous le nom d'*Allier*; Mr. Michaux, professeur de botanique à Louvain, aussi instruit qu'obligeant, m'a fait part d'un phénomène très-singulier de cet *Alizier-aria* qu'il a fait greffer sur l'*Aubépin-oxiacantha* : le voici, cet *Alizier-aria*, greffé sur l'*Aubépin-oxiacantha*, a donné des arbres, au jardin botanique, de vingt pieds de hauteur et d'une même venue, n'ayant qu'une ligne circulaire qui les distingue l'un de l'autre. » Je » laisse, m'a écrit Mr. Michaux, la couleur » des bois à part, mais le phénomène m'é- » tonne, d'autant plus que l'*Oxiacantha* gros- » sit et croît lentement, et que l'*Aria* au con- » traire croît vîte; le Roi de Suède a beaucoup » admiré cette singularité, lorsqu'il est venu » voir le jardin des plantes qui est sous ma » direction ".

L'*ALIZIER à feuilles arrondies* ou *Allouche de Bourgogne*, N°. 4. de du Hamel, est commun dans les forêts de Bourgogne où j'ai été à portée de juger de la beauté de son feuillage.

L'*ALIZIER de la forêt de Fontainebleau* a aussi les feuilles arrondies et est fort agréable, il se trouve dans quelques bois du Duché de Luxembourg.

Ayant reconnu, d'après ce que m'en ont écrit mes correspondans, que les deux *Aliziers* suivans pouvoient résister aux hivers d'une grande partie des contrées de l'Europe, je n'ai point hésité à leur donner ici une place, afin qu'on puisse les connoître et les tirer sur-tout des pépinières des environs de Londres.

ALIZIER d'Italie, N°. 3 de Miller, et le N°. 5 des *Cratægus* de du Hamel : il croît naturellement sur le mont Baldus et sur quelques autres montagnes d'Italie; ses feuilles sont ovales et d'un verd obscur, ses fleurs sont plus petites que celles des autres espèces, et s'ouvrent en mai; la hauteur de cet *Alizier* est de vingt pieds.

ALIZIER de Virginie, N°. 4 de Miller, et N°. 6 des *Cratægus* de du Hamel : cet *Alizier* croît naturellement dans plusieurs cantons de l'Amérique septentrionale, et ne s'élève qu'à cinq ou six pieds de hauteur, ses feuilles ressemblent à celles de l'*Arbousier*, elles sont ovales, terminées en pointe et d'une couleur pourpre avant de tomber; ses fruits sont, en automne, d'une belle couleur rouge; cet arbrisseau, dont les racines produisent toujours beaucoup de drageons, qui lui donnent la forme d'un buisson, est très-propre à décorer les bosquets et à y attirer les grives et autres oiseaux.

AMANDIER, en latin *Amygaldus*, en flamand *Amandel - boom*, en wallon *Amandy*, en anglois *Almond tree*.

Cet arbre, qui ne s'élève presque point dans ce pays, vient fort grand dans les pays méridionaux. La première fois que j'en vis en Provence et en Languedoc, j'en fus surpris : ils y sont cultivés et plantés en quinconce comme les *Pommiers* le sont ici dans nos vergers. L'*Amandier* n'aime point les terreins gras et humides, il préfère les terres chaudes et légères.

Lorsqu'on veut avoir des amandes, pour semer dans les pépinières et en former des sujets propres à être greffés, il vaut mieux les tirer des environs de Paris, que des Provinces méridionales; elles sont surement préférables.

Comme l'*Amandier* est un arbre qui ne vient point dans ce pays au point d'en tirer tous les avantages qu'on y trouve ailleurs ; je me bornerai à le recommander pour l'orne-ment des bosquets du printems, sur-tout l'*Amandier à fleurs doubles*.

L'*AMANDIER à feuilles panachées*, qui est un arbrisseau charmant, mais qui ne réussit jamais à la transplantation, et qui, pour cette raison, doit être greffé à demeure et à œil-dormant.

L'*AMANDIER du levant à feuilles satinées* : celui-ci demande les mêmes précautions que le précédent ; ses pousses tendres sont sujettes à geler, mais on peut l'en garantir, en le couvrant légèrement pendant l'hiver ; il est d'un effet admirable dans les bosquets.

L'*AMANDIER d'Amérique* ou *Amandier nain du Canada à feuilles rouges* : ce dernier est un arbrisseau qui se charge de fleurs au mois d'avril, le bouton est d'abord d'une belle couleur incarnate, et la fleur épanouie est couleur de rose, il y en a de doubles et de simples ; on le multiplie en novembre de rejets, qu'il fournit beaucoup de ses racines :

je conseille aax amateurs de fruits de faire élever des communs dans leurs pépinières, pour greffer dessus les *Pêchers* et les *Abricotiers* qu'ils voudront planter dans un terrein, par exemple, analogue à celui des jardins de Bruxelles.

Je finis par renvoyer ceux qui voudront en conoître l'histoire, les espèces et variétés, aux ouvrages que j'ai déja cités, et que j'aurai encore plus d'une fois lieu de citer.

AMELANCHIER, en latin *Mespilus folio rotuneiori, fructu nigro subdulci.*

L'*Amelanchier des bois*, Nº. 8 de du Hamel, et Nº. 4 de Miller des *Mespilus* de l'un et de l'autre de ces auteurs, est un arbre ou grand arbrisseau, qui a beaucoup de rapport avec les *Azeroles*, etc. Ses fleurs sont blanches, ses feuilles d'un verd terne, assez ressemblantes à celles du *Poirier*, posées alternativement sur les branches, lanugineuses en-dessous et le pédicule assez long; ses fruits sont noirs et contiennent jusqu'à dix pepins tendres, dont le goût est agréable ; le bois en est dur, élastique et jaunit en vieillisssant.

Ce grand arbrisseau, qui est propre à garnir les bosquets, croît dans plusieurs cantons de l'Europe, et particulièrement en France, dans la forêt de Fontainebleau ; les jardiniers anglois l'appellent, *new england quince.*

L'*AMELANCHIER de Canada*, N°. 9. de du Hamel, ressemble fort au précédent, ses fleurs pareilles à celles de l'*Epine commune* viennent en bouquets au haut des branches et ses fruits sont petits et pourpres.

L'*AMELANCHIER velu*, dit *Cotonaster*, N°. 10. de du Hamel, et N°. 5. de Miller, de leurs *Mespilus*, croît naturellement sur les Pyrénées et dans d'autres contrées froides de l'Europe : les jardiniers Anglois l'appellent communément *Dwarf quince.* Il y en a, qui le croient une autre espèce, et peut-être c'est l'*Amelanchier* N°. 6. de Miller : au reste ces *Amelanchiers* N°⁵. 5 et 6. de Miller, ont beaucoup de rapport entre eux, leurs fleurs sont pourpres, petites, réunies deux ou trois ensemble et produisent des fruits rouges.

Ces jolis arbrisseaux ou arbustes doivent, à juste titre trouver place dans nos bosquets.

ARBOUSIER, en latin *Arbutus*, en anglois *Strawberry-tree*.

L'*Arbousier* est un grand arbrisseau, il est toujours verd et décore joliment les bosquets, plusieurs amateurs de ce pays étoient parvenu à l'élever en pleine terre, et le plus beau de nos provinces Belgiques étoit celui de **Mr.** Wery, estimateur des gages du mont de piété à Malines; mais le long et rigoureux hiver de 1783 à 1784 l'a détruit, comme tous ceux qui étoient en plein air; mon ami le Comte de Respani, amateur zélé et aussi bon botaniste que physicien, m'a communiqué cette perte, ainsi que celle de ses *Arbousiers*, dont cinq étoient couverts de fleurs et de fruits, il en avoit un dans ce nombre qui étoit en buisson et haut de plus de six pieds, il avoit déja supporté quatre hivers, un seul cependant avoit paru vouloir pousser du pied, mais si foiblement que la souche mourut entièrement l'année suivante : ainsi les personnes curieuses de la culture de cet arbre, devront tenter de nouveaux moyens pour le garantir de la rigueur des hivers extraordinaires ou employer la méthode de feu le Baron de Tschoudi ou le reléguer dans l'orangerie.

L'*Arbousier commun*, vient naturellement dans les pays chauds de l'Europe, je l'ai vu dans les provinces méridionales de la France, et ce qui étonnera, sur les côtes de Bretagne, mais l'étonnement cesse lorsqu'on connoit le local de cette province, près de la mer et abritée par des côteaux multipliés ; Miller dit que l'*Arbousier* croît naturellement en Irlande, et le Baron de Tschoudi le dit parfaitement ressemblant à celui du midi de l'Europe, mais infiniment plus dur, est-ce la culture qu'il l'a changé de nature et familiarisé avec ces climats plus froids, ou est-ce sa graine qu'on y a fait germer, qui l'a mis au niveau des espèces ou variétés indigènes ?

Les feuilles de l'*Arbousier* sont d'un beau verd et ressemblent assez à celles du *Laurier*, elles ne tombent point l'hiver, ses fleurs sont en grappes, les fruits, qui leur succèdent, sont un an à mûrir, et sont alors semblables à des grappes de fraises d'un beau rouge, si on les multiplie de semence, il devient arbre; et de bouture il reste arbrisseau, il préfère les fonds humides; le tems de sa transplantation est en septembre.

Les variétés de ce bel arbrisseau qui, seul, composeroit un bouquet d'hiver charmant, se propagent par la greffe; les voici:

L'*ARBOUSIER à fleurs blanches*, *simples et doubles*, *à fleurs rougeâtres*, *etc.* est celui que Linnæus appelle *Arbutus andrachne* qui croît naturellement dans la Natolie (grande presqu'île qui s'avance entre la mer méditerranée et la mer noire) cet *Arbousier* est très-beau, ses feuilles sont beaucoup plus larges, entières et non découpées; sa tige est plus haute, ses panicules plus grands; il a une variété dont les feuilles sont plus petites.

Cet *Arbousier-andrachne* s'élève, dans ce pays; le Comte de Respani l'a vu cultiver à Malines chez Mr. de Laing, Conseiller au grand Conseil et amateur très-curieux.

L'*ARBOUSIER*, dit *Busserolle*, en latin *Uva ursi*, a deux variétés, l'une à grandes et l'autre à petites feuilles: elles soutiennent difficilement les froids de notre climat, sur-tout

depuis

depuis ceux des années dernières : le célèbre Mr. de Haen a reconnu d'une manière évidente l'efficacité de l'*Uva ursi* dans les maladies néphrétiques.

Enfin je borne-là cet article, quoiqu'il y en ait encore d'autres, comme l'*Arbousier* d'Acadie, celui des Alpes, etc. qui ne méritent guères d'être cultivés à cause de leur peu de hauteur.

ARBRE DE JUDÉE ou *Guainier*, en latin *Siliquastrum*, en flamand *Judas-boom*, en anglois *Judas-tree*.

Cet arbre est étranger et diffère de celui qui donne le baume de la Mecque ; on l'appelle *Guainier*, parce que ses gousses sont faites comme des gaines à couteau. Il fait un effet charmant dans les bosquets du printems ; j'en ai vu dans plusieurs jardins et bosquets de France et d'Angleterre. Il vient fort aisément de semences, je l'ai multiplié de cette façon, avec succès ; mais dès que je l'eus planté en pleine terre, il gela jusqu'au pied, pendant l'hiver, quoique d'autres amateurs aient éprouvé le contraire. J'en ai vu dans plusieurs parcs et jardins de ce pays, où cet arbre ne geloit point, et où il geloit; mais en ayant examiné la cause, nous avons jugé qu'elle pouvoit provenir du sol où ils avoient crus. Une terre légère et sèche lui est sûrement préférable à une terre froide, humide et compacte. Comme les siliques de cet arbre s'ouvrent et laissent tomber leurs graines fort tard, on ne risque rien en les semant tard, Mr. de Malesherbes m'a fait part de sa terre que des graines, produites en 1784, ôtées de leurs siliques dans l'hiver de 1785, et semées au printems 1786, ont fort bien levé.

Il est vrai que, quoique ce bel arbre souffre très-fort par les grands froids de notre climat, il est à supposer que plus il avance en âge et moins délicat y devient-il, celui qu'on voit à Malines dans le jardin de Madame d'Oosterlinck semble en être la preuve, cet arbre y fut planté en 1763, âgé de 4 à 5 ans, on le couvrit pendant l'hiver jusqu'en 1767. Mais depuis cette année il résista à tous les grands froids, que nous eûmes, et passa tous les hivers sans être couvert. La hauteur de sa tige est de sept pieds, mesure de Bruxelles, sa circonférence, prise à quatre pieds et

quelques pouces de terre, est de dix-sept pouces et demi, il est assez droit et se divise en
deux fortes branches des plus garnies, au point
qu'en 1777, on le nettoya d'une telle quantité de bois, qu'on put en ramer une assez
grande planche de pois; la hauteur de ce bel
Arbre de Judée peut, en tout, être de dix-
neuf pieds. Mr. Thouin dit, dans son mémoire intéressant *sur les avantages de la culture des arbres étrangers, etc.* qu'il en existe une
plantation de sept arpens à Malesherbes dans
le même sol et tout à côté de la plantation
des *Cytises* des Alpes (voyez l'art. *Cytise* de
ce Manuel) cette plantation d'*Arbres de Judée*
est à sa cinquième année, écrivoit-il en mars
1786, et forme déja un taillis touffu de cinq
à six pieds de haut. C'est ainsi qu'un grand
nombre d'arbres exotiques pourront, par les
soins qu'on leur donnera étant jeunes, se naturaliser dans nos Provinces, comme anciennement plusieurs de nos arbres fruitiers, et
y devenir utiles.

J'ai vu quelques *Cercis* ou *Arbres de Judée*
à Montpellier dans le jardin du Roi, mais
j'ignorois qu'ils fussent indigènes à ce climat

Mr. Goüan, savant distingué de cette ville et que j'y ai connu, me manda depuis, que ces arbres étoient très-communs dans les campagnes de leurs environs, qu'ils y croissoient à une très-grande hauteur, que ceux qu'on voit à Montpellier, et que j'ai vus, y étant, peuvent avoir cent soixante ans, qu'ils sont propres à faire de beaux meubles et à prendre la couleur rouge et le noir ; voilà donc le rapport de Lobel confirmé et cet arbre reconnu aussi utile qu'agréable, reste à voir si nous pourrons parvenir à l'acclimater à notre pays, celui de Malines nous le fait du moins espérer : il y en a encore une espèce où variété à fleurs blanches.

L'*ARBRE DE JUDÉE du Canada*, que les Anglois appellent *Red Bud-tree*, croît naturellement dans l'Amérique septentrionale, Miller dit aussi qu'en Angleterre il croît et réussit très-bien en plein air ; on le cultive de même en France avec succès, ainsi que dans ce pays, où il résiste à nos grands froids ; on le trouve cependant moins beau que celui du Languedoc, les fleurs en sont plus petites, les branches plus menues, les feuilles moins fortes, velues et un peu terminées en pointe ; cette espèce ne s'élève guères et ne forme point un grand arbre, comme ceux de Montpellier.

ARBRE DE VIE, en latin *Thuya* ou *Arbor vitæ*, en flamand *Boom des levens*, en anglois *the Arbor vitæ*.

L'*Arbre de vie* commun, originaire du Canada et de la Virginie, fut apporté en France à François I, et planté dans les jardins de Fontainebleau, et de-là il se répandit dans le reste du royaume et dans d'autres parties de l'Europe. On ne l'a cultivé, jusqu'à présent, que dans les jardins; mais depuis que Mr. du Hamel est parvenu à en former un petit bois à Monceau, dans un sol humide, que j'ai vu, cet exemple a engagé plusieurs propriétaires à en planter dans leurs parcs, bosquets et massifs d'arbres toujours verds, etc. Ce *Thuya* vient de bouture, que l'on doit planter dans une terre humide, ainsi que les marcottes; j'en ai semé pendant deux ans de suite, sans succès, de la graine que m'avoit envoyé Mr. du Hamel; je me déterminai, en 1769, à en semer dans une caisse rem-

K 3

plie d'une terre fort légère, et je suis parvenu à en avoir de fort beaux; je préfère même, à bien des égards, ce *Thuya* à celui de la Chine.

Pour multiplier cet arbre de marcottes, il faut, au printems, coucher en terre ses branches inférieures, après leur avoir, fait à l'endroit des nœuds, une petite entaille, comme aux marcottes d'œillets. On doit avoir soin qu'elles ne se dessèchent point, on doit les arroser, sur-tout dans les tems secs, y mettre autour du pied, de la mousse ou un peu de litière; pour lors, au printems suivant, elles seront pourvues de bonnes racines, on les enlevera & on les plantera en pépinière.

L'*ARBRE DE VIE*, ou le *Thuya* de la Chine, qu'il n'y a pas long-tems que nous possédons en Europe, (selon Miller) et qui nous fut envoyé de la Chine par des missionnaires françois(*), est un arbre qui mérite

______

(*) Mr. Fougeroux de Bondaroy dit dans son *Mémoire sur les Cyprès*; que cet arbre vient dans toutes les parties de l'orient, qu'il a été probablement le seul connu par Théophraste, qu'on le connoît depuis très-long-tems en France et peut-être, avant le précédent, et que d'après ceux,

assurément un des premiers rangs parmi les
arbres toujours verds. Cet arbre parvient à
la hauteur de plus de vingt pieds, il doit
même s'élever plus haut, sur-tout dans son
pays natal, puisqu'il y en a au jardin botanique de Louvain cultivés en grosses pyra-
mides, garnies depuis le pied, qui ont plus
de vingt-quatre pieds de haut : ce *Thuya*
vient de semences, qu'on seme sans beaucoup de précaution ; elles lèvent fort bien,
et en trois ans donnent des arbres de la
hauteur de deux et de trois pieds. Quoique
fort jeunes, ces *Thuyas* supportent, dans ce
pays-ci, la plus grande rigueur de l'hiver,
ainsi que je l'ai observé dans le froid rigoureux de 1776 ; cependant j'en ai perdu plusieurs (sur-tout ceux qui étoient les plus exposés au soleil) dans le long et rude hiver
de 1784 : on le multiplie aussi par marcottes
et par boutures. Feu le Baron de Tshoudy,
avec lequel j'étois fort lié, a dit dans son
Traité des arbres résineux-conifères, que le

---

dit-il, que nous cultivons depuis long-tems ; je ne
vois pas qu'on puisse tirer un grand avantage de sa
culture.

K 4

mieux est de n'enlever ces boutures qu'au troisième printems, pour les planter à demeure ou en pépinière. Miller dit que les semences qu'ils portent mûrissent rarement en Angleterre; Mr. de Tshoudy rapporte qu'elles vinrent en parfaite maturité à Metz en 1767, et que celles que lui et plusieurs autres semèrent, levèrent presque toutes.

Cet arbre a les feuilles d'un fort beau verd, en très-grand nombre et fort près les unes des autres, sur les rameaux qui sont beaux, et dont la tige en est garnie tout le long.

Ces *Arbres de vie* viennent assez bien dans les terreins secs, ils se plaisent et viennent cependant mieux dans les terres fort humides. On doit (comme les autres arbres toujours verds) les semer, marcotter, etc. dans les premiers jours de mai.

Enfin les *Thuyas*, quoiqu'ils fassent peu de grands arbres, sont excellens et méritent d'être cultivés, sur-tout celui de Virginie, qui, élevé de semence, est parvenu dans nos terres, en six ans et demi, à la hauteur de cinq à six pieds; cette espèce, qui croît naturellement en Canada, en Sybérie et dans d'autres régions du nord, donne des arbres de quarante pieds de hauteur; tout doit donc nous porter à le cultiver. Feu Mr. du Hamel m'écrivoit (en novembre 1777) que le bois qu'il en avoit fait à Monceau et que j'y ai vu, continuoit à charmer les amateurs, qui venoient le voir : les jeunes branches et les feuilles de cet arbre produisent à-peu-près les mêmes effets que la sabine, les gens de la campagne s'en seront surement apperçus, car il y a des cantons où quelquefois ils en coupent assez souvent des branches et même de jeunes arbres : celui de la Chine fait aussi un bel arbre, mais il ne parvient point à une aussi grande hauteur, je le cultive avec le même succès ; il vient fort aisément de semence et résiste à d'assez grands froids ; il réussit quelquefois par boutures, lorsqu'on les plante en septembre, et qu'on ne les arrose point : les semences que j'en fis recueillir en 1773 et 1778 à ma terre de Saintes en Hainaut, furent semées aux printems suivans, et j'ai eu le plaisir de les voir levées avant la fin de mai, et d'être convaincu qu'elles mûrissoient dans notre climat. Mr. Michaux, Professeur de botanique, a eu le même succès dans le jardin des plantes à Louvain, où

les graines, recueillies de ceux qui y sont,
et dont j'ai dit un mot plus haut, ayant été
semées, lui ont donné plus de deux mille
pieds d'arbres.

ARBRE A CIRE ou *Cirier*, en latin *Myrica
cerifera*, en anglois *Candleberry Myrte* ou
Sweet Willow.

Je ne comptois point parler de cet arbrisseau, d'autant qu'en France les *Ciriers* craignent les grands hivers ; mais, depuis lors,
j'en ai vu en Angleterre, cultivés avec succès, ce qui m'a engagé à en dire un mot.

Les *Ciriers* sont des arbrisseaux aquatiques ;
il y en a deux espèces très-curieuses, l'une
croît à la Louisiane, où on l'appelle *Arbre
de cire*, en anglois *Candleberry Myrte*, et l'autre, qui est petite, croît à la Caroline, et
est connue sous le même nom, en anglois
Carolina Candleberry tree. Le premier parvient à la hauteur de nos petits *Cerisiers*, a
le port du *Myrte* et les feuilles à-peu-près la
même odeur. Les *Ciriers* ont été ainsi nom-
més de leurs baies, qui sont de la grosseur

d'un grain de coriandre et d'un gris cendré; elles contiennent des noyaux, qui sont couverts d'une espèce de cire, ou plutôt d'une espèce de résine, qui a quelque rapport avec la cire. On en fait des bougies ou des chandelles vertes, que j'ai vues en Angleterre. Si ces arbrisseaux étoient assez connus dans ce pays, je pourrois donner la manière dont les habitans du nord de l'Amérique en retirent de la cire, et en font des bougies; mais, en attendant que les amateurs cherchent à élever et à naturaliser ces espèces d'arbres, qui pourront devenir précieuses dans la suite, je me contenterai de dire qu'on la trouvera décrite dans les ouvrages des botanistes et naturalistes modernes.

J'avertis le lecteur que les *Ciriers* se multiplient des semences; mais en même tems je le prie, ensuite des essais que j'ai faits, et de ce qu'on m'a assuré en Angleterre, de ne jamais compter sur les semences qu'on reçoit d'Amérique, parce qu'elles se pourrissent dans le trajet, heureusement qu'on les multiplie très-bien par marcottes.

J'ai vu, dans les pépinières autour de Londres, le *Candleberry Myrte narrow leaved evergreen*, en françois *Cirier à feuilles étroites, toujours verd* : cet arbrisseau est beau et se multiplie par marcottes ; il s'élève en Amérique à quatre pieds de haut, et croît dans un sol stérile et sablonneux.

L'*Arbre de cire* et l'*Arbre à suif*, qu'on trouve à la Chine, sont des arbres différens de ceux que je viens de décrire ; voyez le Père Duhalde, Journal économique du mois de juin 1770 et le Dictionnaire d'histoire naturelle par Mr. Valmont de Bomare.

ARBRE AU VERNIS.

D'après les comparaisons que j'en ai faites avec ceux que nous avons et la description qu'en donne Miller (d'après Kæmpfer, au N°. 4 des *Toxicodendron* de son abrégé, et qu'on trouve en détail dans le troisième volume du *Dictionnaire économique* de Mr. de la Marre, page 601 et suiv.) je suis persuadé que notre *Arbre au vernis* est l'*Arbor*

mieifera de Kæmpfer. Voyez-en la description dans les ouvrages que je viens de citer.
Le plus beau que je connoisse dans ce
pays, existe dans le jardin botanique de Louvain; sa hauteur, en 1786, étoit de vingt-
deux pieds, sa circonférence de cinq pieds
quatre pouces. Mr. le Professeur Michaux me
mandoit qu'il n'avoit pas encore donné des
fleurs; c'est peut-être à cause que les jeunes
branches gèlent tous les ans. J'en ai un, âgé
de dix ans, que j'ai eu en 1777 de feu Mr. du
Hamel, il est haut de dix-huit pieds et demi,
sur un pied de tour; je le multiplie par les
jets qu'il donne du pied; son écorce est
belle, assez blanchâtre, son bois semblable à
celui du *Saule*, cassant et abondant en moëlle,
les feuilles sont entières, assez ressemblante
à celle du *Noyer*, et composées de folioles
placées alternativement sur la tige et terminées par une seule : cet arbre pousse avec
beaucoup de vigueur et tard dans l'automne,
c'est à cause de cela qu'il souffre par les hivers de notre climat, et spécialement par les
premières gelées.

ARBRISSEAU - LAITEUX ou *Bois laiteux du Mississipi*, en latin *Sideroxylum licioides*.

Comme Mr. Thouin le dit acclimaté en France au premier dégré, j'ai voulu lui donner une place dans cet ouvrage, dans l'espoir d'engager les curieux à le cultiver aussi dans ce pays ; le feuillage en est fort beau, c'est aussi son principal mérite, car ses fleurs sont très-petites, et ses baies n'offrent rien d'éclatant.

AUBEPIN ou *Epine blanche*, en latin *Oxiacantha* ou *Spinosa sylvestris*, en flamand *Witte-doren*, en wallon *blanqu'Espenne*, en anglois *white Thorn*.

Cet arbrisseau forestier est assez connu pour n'en parler qu'en passant ; il a le bois très-bon, tant par sa dureté, que par son égalité, il n'est pas moins estimé des gens de la campagne, qui en font des haies mortes et vives pour la fermeture des clos et des jardins.

Si son bois est estimé, l'arbrisseau ne l'est pas moins, aussi l'appelle-t-on *noble Epine* :

on en fait des haies vives, qui donnent de très-bonnes clôtures, et qui se tondent parfaitement bien. C'est en Angleterre que j'ai vû le cas qu'on en faisoit, d'autant que toutes les terres sont closes d'une haie vive, soit pâture, soit terre labourable; on fait deux fossés, au milieu desquels s'élève une berge, sur laquelle on plante les *Aubepins*; on prend, malgré les fossés, la précaution de planter une espèce de palis au-delà des fossés, pour que le jeune plant soit encore plus à l'abri. Etant à Worsley, terre appartenant au Duc de Bridgewater, située à huit milles de Manchester, Mr. Gilbart, Intendant du Duc, homme d'un grand mérite et des plus intelligens, m'en montra des semis, et me dit qu'on en recueilloit la graine à la Saint-Michel, qu'on conservoit dans la terre sèche pendant un an et demi, et qu'on semoit ensuite dans le mois de février, parce qu'avant d'être semées, la pellicule ou la chair qui enveloppe le noyau, a eu le tems de se pourrir, et la graine de commencer à germer.

L'*Aubépin* est très-agréable dans le mois

de mai, par ses fleurs odoriférantes, et en automne par ses fruits, qui sont d'un beau rouge, qui attirent quantité d'oiseaux, qui en sont très-friands : voilà deux motifs qui doivent le faire employer dans les bosquets du printems et de l'automne et dans les remises.

Les espèces ou variétés suivantes sont trop belles pour être omises dans cet article.

N°. 1. L'*AUBEPIN* à *fleurs doubles*, N°. 18 de du Hamel, mérite d'être cultivé par l'effet agréable que font ses fleurs au printems.

N°. 2. L'*AUBEPIN* à *feuilles d'Erable* croît naturellement dans la Virginie et dans plusieurs autres cantons du nord de l'Amérique : c'est le N°. 12 des *Mespilus* de du Hamel, et le même qu'il appelle *Azérolier du Canada*, dans son beau *Traité des arbres fruitiers*, Tome I, page 326. Il a la hauteur d'un arbre de moyenne taille, et décore, en automne, très-joliment les bosquets.

N°. 3. L'*AUBEPIN* à *éperons ou ergots de coq* croît naturellement dans l'Amérique septentrionale, c'est le N°. 21 des *Mespilus* de du Hamel, et le N°. 5 de Miller, en anglois

glois *Cockspur Hawthorn*, ses épines, très-fortes, sont recourbées comme l'ergot d'un coq, sa hauteur est de huit à dix pieds, ses fleurs sont grandes et belles, et ses fruits, de la grosseur des mérises, sont d'un rouge très-éclatant : il y en a une variété sans épines, ils sont tous les deux dignes d'occuper un rang distingué dans les bosquets.

N°. 4. L'*AUBEPIN du Lordislay* est aussi originaire des contrées septentrionales de l'Amérique, c'est le N°. 7 des *Cratægus* de Miller, et le N°. 16 des *Mespilus* de du Hamel : les Anglois lui ont donné le nom de *Pinchaw*, à cause de la forme de ses épines, qui ont assez l'air d'épingles ; ses fleurs sont quelquefois solitaires et ses fruits sont petits et d'un jaune herbacé, sa hauteur est de six à sept pieds.

N°. 5. L'*AUBEPIN à fruits en poire* est encore originaire du nord de l'Amérique, c'est le N°. 10 des *Cratægus* de Miller, et le N°. 15 des *Mespilus* de du Hamel, en Anglois *gooseberry leaved hawthorn*, ses fruits sont d'une couleur jaune herbacée.

Ces deux derniers, que Mr. du Hamel a

rangé dans la classe des *Azéroliers*, n'ont point tout le mérite des autres, dont les fleurs, au printems, répandent une odeur des plus gracieuses, et les fruits, en automne, un rouge éclatant.

N°. 6. L'*AUBEPIN* à *feuilles de groseillier* est très-garni d'épines, c'est le N°. 10 de Miller, en anglois *gooseberry leaved Hawthorn*; ses feuilles sont petites, presque rondes et assez cotonneuses, il porte de jolies fleurs blanches, et ses fruits ressemblent à de petites neffles vertes.

N°. 7. L'*AUBEPIN* à *fleurs rouges simples et très-odorantes* : son odeur le rend recommandable pour les bosquets du printems.

N°s. 8 et 9. *AUBEPINS* à *feuilles panachées de jaune et de blanc* : celui à panachure jaune est encore rare dans ce pays, mais celui à panachure blanche est plus commun; ils font un effet éclatant dans les endroits où ils sont plantés, à cause de leurs panaches, qui sont de la première qualité.

N°. 10. L'*AUBEPIN* à *fleurs blanches, dont les étamines sont violettes* : c'est la seule différence qu'on lui trouve, étant d'ailleurs ressemblant à l'*Aubepin* dit *noble Epine*; c'est une nouvelle variété. Mon ami, le Comte de Respani, auquel je suis redevable de beaucoup de nouvelles observations dont j'enrichirai cette édition, l'a reçue de Hollande en 1782.

N°. 11. L'*Aubepin* à *feuilles luisantes*: c'est le N°. 7 de Miller. Il y en a deux, l'un s'élève très-droit et sans peine, l'autre se redresse avec beaucoup de peine, et lorsqu'il est abandonné à lui-même, ses branches tombent horisontalement.

N°. 12. L'*Aubepin* à *feuilles de Saule*: les feuilles sont luisantes et ressemblent assez à celles de l'*Amandier*.

Toutes les espèces ou variétés d'*Aubepins* sont donc à tous égards des grands arbrisseaux, très agréables pour l'ornement des jardins et des bosquets.

———————

AUNE, en latin *Alnus*, en flamand *Elsen-boom*, en wallon *Aune*, en anglois *Alder tree*.

L'*Aune* est l'arbre le plus aquatique que

nous connoissions; il vient dans des marais, où l'eau séjourne des années entières, dans des terres qui tiennent de la tourbe, etc. il se multiplie de marcottes; mais on est plus dans l'usage, en ce pays, de le semer; dans deux ans au plus ils sont en état d'être plantés en bois-taillis, depuis la fin de février jusqu'à la mi-avril. On les plante en buisson ou touffe autour des héritages et des jardins, sur-tout dans la province de Flandres; ils ne portent aucun dommage, et leurs feuilles même engraissent le terrein; on emploie beaucoup cet arbre dans tous nos bois taillis, qu'on exploite à sept, à neuf et à douze ans; à cet âge ils donnent de belles perches pour les houblonières, on fait des sabots de ceux élevés en futaie, des planches, des pilotis qui soutiennent la charge des bâtimens les plus massifs, sans se gâter, ce qui se voit à Ravennes.

J'ai vu, dans un ouvrage hollandois qu'on l'employoit autrefois pour des pompes de vaisseaux, et que, faute aujourd'hui d'en trouver d'assez gros, on le remplaçoit par le *Sapin* : on en fait aussi des tuyaux de fontaine, qui durent éternellement; car le bois qui dure le plus dans l'eau, se corrompt le plutôt sur la terre. Il est à observer, lorsqu'on l'emploie pour des tuyaux, de placer toutes les billes du même côté qu'elles ont été orientées, l'arbre étant sur pied, nord et sud, pour qu'elles pourrissent également; pour connoître cela, on les met dans l'eau, le tuyau ou la bille surnage, et présente le côté qui a été exposé au nord, on le marque et on les arrange ensuite toutes du même côté : en un mot, cet arbre a le mérite (pourvu qu'il n'ait point d'air) de ne pas pourrir, étant employé dans l'eau ou dans la terre. J'ai lu quelque part que c'étoit un préjugé, et que le bois d'*Aune* pourrissoit dans l'eau aussi vîte que les autres espèces de bois blancs : l'auteur parloit d'après son expérience.

L'*Aune* a le bois fort tendre, sujet à être piqué par les vers : il est recherché et employé par les ébénistes, à cause qu'il prend bien le noir et qu'alors il ressemble à l'ébène, doux à travailler, portant très-bien les moulures, et ayant la couleur rougeâtre, mais assez agréable : son écorce peut être em-

ployée dans les arts et les fabriques, sur-
tout celle des jeunes branches, elle remplace
les noix de Galles dans la teinture, et on
peut en faire de l'encre. Cet arbre est aussi
utile dans la médecine : le lecteur est prié
de consulter à cet égard, comme pour bien
d'autres articles, le savant Mémoire de Mr. de
Burtin *sur les végétaux indigènes qu'on pour-*
roit substituer aux végétaux exotiques, etc.

Il y a d'autres espèces d'*Aunes*, mais la
plupart ne sont que des variétés ; les gens
de la campagne, dans certains endroits du
Brabant et de la Flandre, distinguent l'*Aune*
par celui *à pointes noires*, en flamand *swert-*
bot, et par celui *à pointes bleues*, dans la
même langue *blauwt-bot* : mais une espèce
bien recommandable est l'*Aune de montagne*
à feuilles blanches par-dessous : feu le Baron
de Tschoudi m'en a toujours parlé avantageusement, et m'a assuré que la qualité de son
bois devoit le faire cultiver et multiplier par
tout propriétaire qui consulte au moins autant son profit que son agrément. Il y a
encore l'*Aune de la Floride*, qui a déja produit des graines en France, dit Mr. Thouin,

mais qui ont besoin d'être cultivées pour lever : celui *à feuilles anguleuses* n'y a pas encore fructifié complettement.

———————————

AZEROLIER, en latin *Mespilus apii folio la-*
ciniato, en flamand *Azarolen* ou *Mespi-*
len met dry steenen, en anglois *l'Azarole*.

L'*Azerolier* est un arbre fruitier et forestier
de la moyenne grandeur, assez ressemblant
à l'*Alizier*, et ayant la même qualité de bois;
il est des premiers à pousser ses feuilles au
printems, et de même des premiers à se dépouiller.

Il a les feuilles fort ressemblantes à celle de
l'*Aubepin*, et plus grandes; ses fleurs en grappes, de couleur herbeuse, en rose; il a le
fruit rond plus petit que la neffle, avec une
couronne formée par les pointes du calice,
d'abord verd, puis rouge, aigrelet et fort
agréable au goût en mûrissant; il contient
trois osselets. Ces arbres, ou grands arbrisseaux, font un fort joli effet dans le mois
de mai, lorsqu'ils sont en fleurs et placés

L 4

dans les remises, ils attirent le gibier par leurs fruits, ils croissent plus vîte, deviennent plus grands, et n'ont point tant d'épines que l'*Aubepin*. Voici celles qui méritent le plus d'être cultivées.

L'*AZEROLIER de Virginie*, N°. 11 des *Mespilus* de du Hamel et N°. 6 des *Cratægus* de Miller, croît naturellement dans la Virginie et dans plusieurs autres parties du nord de l'Amérique; il s'élève à la hauteur de plus de vingt pieds, ses feuilles trés-luisantes ressemblent à celles du *Poirier*, et sont finement dentelées et ses fruits sont d'un fort beau rouge, le brillant de ses feuilles et l'éclat de son fruit rendent cet *Azérolier* à tous égards recommandable; les amateurs pourront les tirer des pépinières autour de Paris et de Londres; son nom anglois est *Virginia l'Azarole*.

L'*AZEROLIER à gros fruits rouges*, N°. 14 des *Mespilus* de du Hamel : il a ses feuilles découpées, et ses fruits très-rouges, sont presqu'aussi gros que ceux de l'*Azérolier* d'Italie, qui est l'*Azérolier* des bois, embelli par la culture, dont tous les autres sont des variétés; Mr. du Hamel, dans son beau *Traité des arbres fruitiers*, dit qu'il en subsiste encore un pied dans le jardin du Val, qu'on assure que Louis XIV a planté lui-même, et comme il lui a été envoyé d'Espagne, quelques-uns l'appellent *Epine d'Espagne*; cet *Azérolier*, dont le fruit se mange, comme celui de tous les *Azéroliers*, fera très-bien dans les jardins, et même dans les bosquets.

Enfin tous les *Azéroliers* contribuent, sur-tout en automne, à l'ornement des bosquets, et ceux qui portent de gros fruits peuvent être cultivés dans les potagers. Les N°s. 2, 4 et 5, décrits à l'article de l'*Aubepin* sont aussi appellés *Azéroliers* par Mr. du Hamel.

BAGUENAUDIER, en latin *Colutea*, en fla-mand *Blaushout* ou *Lombaertsche Linsen*, en anglois *Bladder sena*.

Le *Baguenaudier à vessies* étoit connu dans nos jardins, où on paroissoit l'abandonner, lorsque le goût des bosquets anglois l'a fait revivre : cet arbrisseau vient naturellement en Autriche, en Italie et dans les provinces mé-

ridionales de France : ses feuilles sont purgatives, et peuvent être substituées au sené du
levant : le grand Boeerhave lui a même,
d'après Cordus, conservé le nom de *Sené
d'Europe*.

Le *Baguenaudier à vessies rougeâtres* et le
Baguenaudier d'orient, dont la fleur est rougeâtre, marquée d'une tache jaune, sont
deux espèces ou variétés fort jolies ; ainsi
comme tous ces *Baguenaudiers* viennent dans
toutes sortes de terres, et qu'ils décorent joliment les bosquets du printems, les remises
et les massifs, je conseille de ne point les
abandonner.

BOIS DE SOIE, en latin *Mimosa arborea*.
N°. 15 de Miller.

Je fais connoître cet arbre de la seconde
grandeur, d'après la connoissance que
nous en a donné Mr. Thouin, qui le met
dans la classe des arbres acclimatés en
France au premier dégré, c'est-à-dire venus
de graines récoltées dans leur lieu natal, ou

qui ont été apportées en nature, et qui n'ont point encore fructifié dans ce climat : je propose aux amateurs de l'essayer de même dans ce pays, où peut-être il pourra atteindre le même dégré d'acclimation : cet arbre est connu aussi sous le nom d'*Acacia de Constantinople* ou *Linlibrizin*.

BONNET DE PRÊTRE ou *Fusain*, en latin *Evonimus*, en flamand *Paepen-muts*, en wallon *Bonnet de Précheux*, en anglois *Spindle tree* ou *Prickwood*.

Ce grand arbrisseau est commun dans nos bois, et vient naturellement dans les haies. On sera charmé de le tirer de ces endroits (où il n'est recherché que par ceux qui font, avec son bois, un charbon qui sert aux dessinateurs) pour le placer dans les bosquets, où il fait un fort bel effet, sur-tout en automne; son fruit, mûrissant dans cette saison, et s'ouvrant alors, laisse voir les semences, qui sont d'un beau rouge, ainsi que lui. En voici deux espèces ou variétés qui méritent d'être cultivées.

EVONIMUS lati folius, *Fusain* d'Autriche:
il devient plus considérable dans toutes ses
parties; il a les feuilles d'un verd gai, ses
fleurs sont en épi lâche, d'abord blanches,
puis purpurines; les fruits, attachés à des pédicules longs et foibles, sont très-brillans et
relevés par cinq côtes. Mr. Miller dit que
ce *Fusain* croît naturellement dans la Hongrie
et dans l'Autriche. Je conseille aux amateurs
de le cultiver, à cause du bel effet qu'il produit où on le plante : j'en ai vu en Angleterre et en France; il y en a des beaux dans
le jardin botanique de Louvain, et dans plusieurs autres de ce pays, j'en ai aussi dans
les miens.

Le *FUSAIN d'Amérique* est toujours verd
et à feuilles de *Pyracantha*; il croît dans la
Caroline, dans la Virginie et dans le nord
de l'Amérique; son écorce est brune et remplie de verrues, qui la rendent fort rude, c'est
le N°. 4 de du Hamel et le N°. 3 de Miller : il existe aussi au jardin botanique de Louvain, où il forme en peu de tems, comme
le précédent, un bel arbrisseau.

On peut multiplier ces arbrisseaux par semences et drageons.

BONDUC *de Canada* ou *Chiquier*, en latin
Guilandina, en anglois *Nickar tree* ou
Bonduc.

Cet arbre mérite d'être cultivé, à cause
de l'énorme grandeur de ses feuilles (quoiqu'à
dire vrai je ne les regarde point pour des
feuilles proprement dites) Je vais en donner
la description, ensuite de Mrs. Miller et du
Hamel ; elles sont composées d'une tige,
qui a quelquefois plus d'un pied et demi de
longueur, d'où il en part de latérales ; char-
gées de folioles ovales, qui se terminent en
pointe par les deux extrémités, sans être
dentelées par les bords; la tige ou la nervure
principale est d'abord garnie de deux folioles,
ensuite d'environ douze tiges latérales, et toujours par paires : ces tiges latérales sont char-
gées d'environ quatorze folioles, posées alternativement, quand les *Bonducs* se dépouillent, les folioles tombent les premières ensuite les tiges latérales, et enfin les grandes.
La tête de ces arbres est fort grosse pen-

dant l'été, par la grande étendue de leurs feuilles, ce qui fait qu'étant tombées, il ne reste plus que quelques branches qui semblent mortes; c'est pourquoi, en Canada, le *Bonduc* est appellé *Chicot*.

Quoique Mr. Miller parle encore de quatre autres *Bonducs*, je n'ai voulu parler que de celui-ci, d'autant que Mr. du Hamel, chez qui je l'ai vu en 1769, m'a dit que c'étoit le seul qui pût être élevé en pleine terre; j'en ai vu aussi en Angleterre.

Ces arbres s'élèvent des semences qu'on envoie du Canada, comme elles sont presqu'aussi dures que de la corne, on les sème dans des pots, qu'on arrose beaucoup et qu'on enterre dans une couche chaude; j'en ai gagné, en suivant cette méthode. On les multiplie encore par les rejets ou drageons qu'ils poussent au pied.

Ils viennent très-bien dans une terre légère, peu mouillée; mais dans une plus humide, ils poussent avec plus de force, et ne se dépouillent point de si bonne heure. Mr. du Hamel en a qui sont plantés sur une chaussée, où l'on trouve l'eau à deux pieds et demi ou trois pieds de profondeur, qui viennent avec succès.

J'ignore jusqu'à présent si le bois de cet arbre est bon à quelque chose : mais Mr. Michaux, Professeur royal de botanique et en médecine, Surintendant du jardin des plantes à Louvain (dont j'aurai plus d'une fois occasion de parler) m'a mandé qu'il se cassoit en croissant, si les branches n'étoient pas bien liées ; il résiste à nos hivers, il pourra donc, comme en France s'acclimater dans ce pays-ci.

BOULEAU, en latin *Betula*, en flamand *Berken-boom*, en wallon *Boule* ou *Bauly*, en anglois *Birch tree*.

Cet arbre est assez connu des cultivateurs, aussi n'en parlerai-je que pour leur recommander de ne point le négliger, et d'en garnir leurs bois, sur-tout ceux qui se trouvent dans un mauvais sol, où le *Bouleau* réussit toujours. Cet Arbre, parvenu à la hauteur des taillis, fournit des cerceaux pour les cuves et les futailles ; de ses branches les plus menues on fait de très-bonnes haies et des balais, et les gros arbres sont recherchés pour faire des sabots. On peut s'en servir pour presque tous les ouvrages de tour et de raclerie, où l'on emploie du *Peuplier*; étant jeune il a le bois blanc et élastique et très-léger, étant sec il brûle très-vîte et fait un feu fort brillant.

Le *Bouleau* réussit en avenues, en massifs et fait un bel effet dans les parties les plus stériles d'un parc ou d'un bois, où sa tige, souvent pyramidale, et ses menues branches pendantes lui donnent un air étranger et tout-à-fait joli. Il a surement plusieurs avantages, et je blâme ceux qui ne le voudroient point dans leurs terres : il vient dans toutes sortes de terreins et dans les climats les plus froids, dans les montagnes de Norwège et dans l'Islande, où il ne croît point d'autres arbres que celui-ci et le *Génévrier*. Le *Bouleau* se sème de lui-même, ses graines menues sont emportées fort loin par le vent, se glissent entre les mousses et les bruyères, et lèvent naturellement dans les plaines les plus mauvaises et les plus couvertes de ces plantes destructives

de

de toute autre germination; mais il réussit difficilement à la transplantation.

On n'ignore point qu'en le mêlant avec les plants ou semis de *Chênes*, *Pins*, *Sapins*, etc. il les protège contre les chaleurs du soleil, sans leur faire aucun tort dans la nourriture des sucs qui leur conviennent.

Les deux *Bouleaux* qui nous furent apportés de l'Amérique septentrionale, où ils croissent naturellement, sont assez répandus en Angleterre et en France, et commencent aussi dans ce pays à être élevés dans les pépinières, parcs et jardins de quelques propriétaires curieux, pour en faire mention dans cet ouvrage.

Le *BETULA foliis cordatis oblongis acuminatis ferratis* de Linnæus, Sp. plant. 983, est le *Bouleau* du Canada, N°. 2 de du Hamel, et N°. 3 de Miller. Des voyageurs peu instruits l'ont appellé *Mérisier*; on pourroit effectivement lui donner le nom de *Bouleau à feuilles de Mérisier*, à cause de la ressemblance qu'il a avec ses feuilles; mais les semences appartiennent décidément au genre du *Bouleau*. Le suc de cet arbre fournit en

Tome I.   M

Amérique beaucoup de sucre; mais il n'est point si sucré que celui qu'on tire de quelques *Erables*, et est même un peu désagréable.

On sait d'ailleurs que le suc du *Bouleau* ordinaire est un remède presqu'universel, surtout contre la pierre et les douleurs de la néphrétique, il est encore un préservatif et une espèce de remède pour le scorbut et pour toutes les maladies chroniques, occasionnées par un principe tartareux; ce suc, pris à la doze de deux ou de quatre onces, rafraîchit les entrailles, guérit les chaleurs de foie, il est un remède souverain contre la gravelle, la douleur des reins, la colique, il en soulage sur le champ, et guérit ensuite; il y en a qui préfèrent le suc des branches à celui de la tige : on peut encore tirer un autre parti du *Bouleau*, c'est de faire distiller avec cette eau les boutons dans le tems qu'ils sont pleins de suc, on sépare le sédiment de la liqueur laiteuse qu'ils donnent, selon l'art; il a alors presque la couleur, l'odeur, le goût et les propriétés du baume de la Mecque. Ceux qui voudront connoître toute l'étendue de l'utilité de cet arbre, tant dans la médecine que dans les arts, sont priés de lire l'intéressant mémoire de Mr. de Beunie, de l'Académie de Bruxelles, *sur les végétaux les plus utiles de ce pays:* cette partie n'étant pas tout à fait du ressort de cet ouvrage, et ne pouvant que répéter Mr. de Beunie, je me suis borné à recommander la lecture de son mémoire à ceux qui désireroient de s'en instruire.

Le *BETULA foliis rhombeo ovatis acuminatis duplicato serratis* de Linnæus Sp. plant. 982, est le *Bouleau noir* de Virginie; il se multiplie per marcottes et vient très-bien dans ce climat, il fait un très-bel arbre et a les feuilles beaucoup plus grandes et plus étoffées que celles de notre *Bouleau,* mais leur forme est à-peu-près la même.

Ces *Bouleaux* forment de beaux et grands arbres, ils se gagnent et s'élèvent comme les nôtres, et deviennent propres aux mêmes usages, ils poussent même plus vîte, deviennent plus forts et viennent également dans tous les terreins : dès 1759 ils ont commencé en Angleterre à produire de la graine.

Le *BETULA foliis orbiculatis crenatis* est

le *Bouleau nain des Alpes à feuilles arondies et crénelées sur les bords*, il croît naturellement dans les Alpes et dans plusieurs autres régions du nord de l'Europe ; il ne s'élève jamais plus haut que d'environ six pieds ; on le multiplie fort bien par marcottes : les peuples septentrionaux, qui ont peu de ressource dans leurs pays glacés, savent en tirer quelque parti. Je ne le propose ici que pour en garnir nos bosquets, collines et côteaux, sur-tout ceux dont le sol est aride et sablonneux, parce qu'il se tient bas et est propre à servir de retraite à certains oiseaux ; en Laponie certaines gélinottes vivent principalement de ses fleurs et de ses fruits, comme dans nos Ardennes la gélinotte ordinaire, des fleurs et des fruits de l'espèce commune de *Bouleau* : le but de cet ouvrage étant de faire connoître les arbres et arbustes utiles et agréables, je ne pouvois oublier celui que je viens de décrire, parce qu'il peut être mis au nombre des derniers. Il en est de même du suivant, qui est

Le *BOULEAU à feuilles laciniées*, en latin *Betula laciniata* : c'est le plus beau des *Bouleaux*, me mande le Comte de Respani ; il en a dans ses terres, où il vient à merveille; il mérite donc d'être multiplié dans notre climat.

BOURDAINE, en latin *Frangula*, en flamand *Sporchenhout*, plus généralement *Swerthout*, *Swert-speurck*, ou *Pylhout*, *Hondtsboom*, en wallon *Petfu* ou *noir bois*, en anglois *Blaek-Berry-bearing-Alder*.

Cet arbrisseau est si connu et si commun dans nos bois, que je me contente de le nommer, seulement pour le faire connoître. Il peut être employé en médécine, et Mr. de Burtin, d'après l'observation, le range parmi les indigènes qui remplacent l'*Ipécacuanne*, et d'autre le substituent à la *Scammonée*. C'est un *Aune* (*) noir, qui peuple très-bien les parties aquatiques et glaiseuses des forêts, bois et parcs, dans lequel il se plaît et vient facilement.

(*) Dodonæus et Muntingius disent qu'on lui donne ce nom, quoique ce ne soit point une espèce d'*Aune*.

M 3

Cet arbrisseau donne des tiges de la hauteur de seize à dix-huit pieds, il a le bois blanc, de couleur jaune, très-léger, tendre et facile à se rompre; on en fait de bourrées pour chauffer les fours et fourneaux, et un charbon léger, qui est estimé par préférence à tout autre pour la fabrique de la poudre à canon. Les cordonniers emploient aussi le bois de *Bourdaine* pour faire les chevilles des talons de souliers, et les jardiniers en font des baguettes pour les espaliers, les œillets et autres plantes; enfin son écorce donne une teinture jaune, et ses baies vertes teignent les laines en verd.

Buis, en latin *Buxus*, en flamand *Palm-boom*, en wallon *del Bouchière*, en anglois *Box-tree*.

Le grand *Buis* des forêts est un arbrisseau forestier, qu'on ne trouve point dans ce pays : on peut cependant l'élever à l'ombre sous d'autres arbres; on en voit d'assez beaux dans le parc d'Enghien. Cet arbre ou arbrisseau se plaît particulièrement dans les terreins pierreux, secs et graveleux, et sur les côteaux ou collines exposées au nord; j'en ai vu dans mes voyages à de telles expositions, du côté de Givet, de Dinant, etc. Il en croît dans les rochers qui bordent la Meuse.

Ce *Buis* se multiplie par la graine, qu'on sème à l'ombre dès qu'elle est mûre, et qu'on doit arroser soigneusement pendant les sécheresses; c'est la meilleure manière, dit un auteur, pour en avoir qui deviennent de beaux arbres.

Le bois du *Buis* est jaune, dur et liant. Mr. du Hamel rapporte qu'étant gros, on le vend à la livre et fort cher, que les tabletiers en font différens ouvrages, et particulièrement des peignes, et que les sculpteurs et graveurs en bois le recherchent à cause de sa dureté, et qu'il se coupe bien net; il est rare, continue-t-il, d'en trouver de bien gros, et les gros *Buis* que nous avons en France nous viennent de Champagne et d'Espagne : les Anglois en ont beaucoup dans la province de Surrey près de Darking, et l'endroit se nomme à cause de cela, *Box Hill*, colline de *Buis* : il est à remarquer

que le bois de cet arbre est employé en médecine, à cause de sa vertu sudorifique.

Miller dit que le genre du *Buis* a trois
espèces distinctes entre elles, que voici :

N°. 1. *BUIS en arbre à feuilles ovales.*

N°. 2. *BUIS en arbre en forme de lance.*

N°. 3. *BUIS nain de Hollande* ou *d'Artois.*

La première de ces espèces a deux ou trois
variétés, l'une à feuilles panachées en jaune,
l'autre en blanc et la troisième appellée *Buis
pointu* n'a que le sommet de ses feuilles marqué de jaune : le *Buis de Mahon* est celui
qu'on appelle en latin *Buxus balearica.* Enfin,
comme le *Buis* se multiplie de semences, il
y en a un grand nombre de variétés. Pour
conserver les espèces rares, on en a fait des
marcottes et des boutures, qui produisent facilement des racines ; les boutures se plantent en
automne à l'ombre, et veulent être souvent
arrosées.

Pour donner plus de poids à cette pratique, il est bon d'observer ici, d'après ce que
j'en ai vu moi-même, qu'elle est en usage
et se continue toujours avec succès dans les
jardins de l'abbaye des Dunes à Bruges, où

l'on trouve des haies, figures et arbres de la grande espèce de *Buis*, son accroissement n'y est point lent, et en peu de tems il s'y élève et prend telle forme qu'on veut lui donner; l'Abbé actuel (Mr. Van Severen) est très-curieux, et comme il n'est pas moins obligeant, les amateurs pourront facilement en obtenir de jeunes *Buis* pour leurs remises, bosquets et côteaux arides : il a beaucoup de connoissance en agriculture; les plantations qu'il a faites dans ses terres et l'ordre qu'il a établi dans la tenue de ses bois et pépinières, ont augmenté considérablement les revenus de cette abbaye, cet exemple prouve encore combien un homme intelligent, et qui aime les occupations utiles, peut influer sur le bonheur et le bien-être du corps dont il est le chef.

Les *Buis*, et sur-tout les grandes espèces, feront un bon effet dans les remises et les bosquets d'hiver; on les transplante dans toutes les saisons, excepté l'été, pourvu qu'on leve le pied bien garni de terre, sans quoi il ne faut les transplanter qu'en automne.

Le *petit Buis* ou *Buis nain*, dont on se sert

pour les bordures et pour les broderies dans les parterres, est connu en France sous le nom de *Buis d'Artois.*

BUISSON ARDENT, en latin *Pyracantha.*

Le *Buisson ardent* ou *Arbre de Moïse* est un *Nefflier* épineux, en latin *Mespilus spinosa, foliis lanceolato-ovatis, crenatis, calycibus fructus oblusis*; il croît naturellement dans les haies des provinces méridionales de France et en Italie. Depuis qu'il est connu dans ce pays, on a cherché à le cultiver à cause de ses avantages et des agrémens qu'il répand dans les endroits où on le plante; il se multiplie, comme l'*Aubepin*, par femence par marcottes et même par boutures, méthode dont je me suis servi avec succès, mais au printems. Le Comte de Respani vient encore à l'appui de ce que je dis, qu'on peut multiplier le *Pyracantha* par boutures, quoique l'Abbé Rozier dise que leur reprise n'est pas sure : en les plantant au nord dans une bonne terre de jardin, au commencement de mars, elles se fortifient davantage à cette exposition et s'y garnissent tellement de racines,

qu'on peut les transplanter avant l'hiver suivant ; cette méthode, qu'il pratique depuis
trois ans, lui réussit complètement.

Cet arbrisseau, qu'on ne doit point élaguer
lorsqu'on veut jouir de sa fleur et de son
fruit, qu'il porte à l'extrémité des branches,
est fort beau dans le tems qu'il fleurit;
mais il est encore plus agréable dans l'automne, quand il est chargé de cette prodigieuse quantité de fruits rouges, qui le font
paroître comme en feu, et qu'il ne quitte pas
durant tout l'hiver ; ses feuilles sont toujours
vertes, et je ne les ai vu tomber que par des
gelées extraordinaires. Cet arbrisseau est donc
du nombre de ceux qui doivent décorer les
bosquets et les remises, et je suis persuadé
qu'on pourra tirer parti de ses fruits, comme
de ceux du *Sorbier des oiseleurs* ou *Correttier*,
tant pour les grives que pour d'autres oiseaux.

BUPLEVRUM.

Cet arbuste est étranger, il se plaît dans
toutes sortes de terres, et se multiplie par
les semences ou par marcottes; il ne perd

point ses feuilles pendant l'hiver et fait un
fort beau buisson ; aussi l'emploie-t-on dans
les bosquets et sur-tout dans les remises, à
cause que sa graine attire les oiseaux ; ses
feuilles sont ovales, longues et d'un beau
verd tirant sur le bleu, ses fleurs viennent en
ombelles.

Le *Buplevrum* a d'autres espèces ou variétés pour lesquelles on peut consulter Miller, mais celui que je décris ici est le *Séséli*
d'Ethiopie, que Tournefort désigne par *Buplevrum arborescens salicis folio*, il diffère du
Séséli de Marseille, et est un bon carminatif.

J'ai multiplié cet arbuste par la graine que
m'avoit envoyée feu Mr. du Hamel du Monceau, et j'ai éprouvé qu'elle levoit mieux
dans une terre légère que dans toute autre
terre plus forte ou plus humide, en quatre
ans, j'ai recueilli de la graine de ceux que
j'avois semés.

Quoique ce *Buplevrum* supporte assez bien
nos hivers ordinaires, il périt en partie, ou
le plus souvent entièrement, par des hivers
rudes et extraordinaires, comme ceux de 1768,
1771, 1776 et 1784.

BUTNERIA ou *Basteria* ou *Calycanthus floridus*, en anglois *All-spice*.

Cet arbuste qui est l'*Arbre aux anémones de Catesby*, ainsi nommé à cause que ses fleurs en ont la forme, croît à la Caroline, dit Miller; ses feuilles sont d'un beau verd, ses fleurs très-jolies; elles paroissent en mai : sa hauteur est de trois à quatre pieds. Il est des plus recommandables pour décorer les bosquets d'été, et d'autant plus encore qu'il soutient à merveille les vicissitudes de notre climat; on le multiplie par marcottes et par drageons. Le Comte de Respani et Mr. Michaux, Professeur royal de botanique à Louvain, m'ont fait part qu'on devoit le laisser venir en buisson et point le gêner : son bois a une odeur très-aromatique et ses fleurs ont une odeur vineuse. Mr. Hollier, Secrétaire de la compagnie d'assurance à Anvers et un des grands amateurs de ce pays, en a de très-beaux.

CATALPA ou *Bignonia d'Amérique.*

Le *Catalpa* est un arbre assez semblable à un gros *Lilas*, sur-tout par ses feuilles, qui sont grandes, non dentelées et opposées sur les branches; il a les fleurs blanches, tiquetées de violet et marquées de deux raies, qui sont d'un fort beau jaune; elles paroissent à la fin de juillet; elles sont réunies en gros bouquets, qui répandent une odeur fort agréable; mais quand on froisse ses feuilles entre les doigts, elles répandent une odeur d'ail. Mr. du Hamel, chez qui j'en ai vu deux pieds, en 1769, l'un dans une bonne terre sèche, et l'autre, qui étoit plus vigoureux, dans un sol un peu humide, m'a dit que, malgré cela, les cantharides s'en nourrissoient comme du *Lilas.*

Cet arbre, qui ne devient pas fort grand peut-être en Europe, quoique j'en aie vu en Angleterre hauts de plus de vingt pieds, s'élève en Amérique de quarante à cinquante pieds : il vient très-vîte, sur-tout dans une terre légère et humide; Il fleurit en peu d'an-

nées et dans le mois d'août ; ses feuilles paroissent si tard au printems, que des personnes qui n'en étoient point instruites, et
qui croyoient leurs *Catalpas* morts, les ont
quelquefois fait arracher : il croît à la Caroline, à la Louisiane et même au Japon,
suivant Mr Kampfer.

Il y a une espèce en Amérique qui s'é-
lève moins haut.

On ne doit point le rechercher pour son
bois, qui contient beaucoup de moëlle, mais
bien pour les bosquets d'été, qu'il décore
agréablement.

J'en ai vu à Montbard, chez Mr. d'Aubenton, et à Louvain, au jardin botanique,
où il y en a hauts de quinze pieds, sur trois
pieds cinq pouces de circonférence, mesures prises près de terre, et que m'a envoyées Mr. le Professeur Michaux.

Cet arbre, quoique très-moëlleux et originaire de quelques régions d'Amérique assez
chaudes, supporte les plus grands froids de
nos hivers, aux bouts des branches près, qui
gèlent ordinairement ; j'en ai qui ont résisté
aux fortes gelées du mois de janvier de l'an-

née 1776 et du rude et long hiver de 1784; ceux du jardin botanique de Louvain et d'autres curieux ont résisté de même : le Comte de Respani m'a assuré d'avoir observé plus d'une fois que c'étoient les gelées d'automne qui nuisoient le plus aux *Catalpas*, et qui quelquefois les faisoient mourir, sur-tout quand on les laissoit devenir arbre, au lieu qu'en buisson ils résistoient mieux à ces gelées et donnoient plus de fleurs : le plus beau qu'il ait vu existe à Deuren, près d'Anvers, à la campagne de Mr. Knyff, Secrétaire de la ville d'Anvers, et amateur distingué dans la botanique.

On peut multiplier le *Catalpa* par les graines qu'on tire de la Caroline, d'où il est originaire; on les sème dans des terrines placées sur couche en avril, les jeunes pieds doivent être garantis du froid l'hiver suivant; on les multiplie encore de boutures faites en mai avant la pousse, on les met sur une couche modérée et dans un pot, on a soin de les garantir du soleil et de les entretenir de légers arrosemens, et en six semaines ces boutures donnent des racines et des branches.

CEDRE *du Liban*, en latin *Larix orientalis*, *fructu rotundiore obtuso*, en flamand *grooten Ceder-boom*, en anglois *Cedar of Libanus.*

Il est étonnant qu'on ne se soit pas plus attaché à multiplier en Europe un arbre si beau, si utile et qui croît avec tant de facilité. Les Anglois sont les premiers de l'Europe qui se soient attachés à l'élever; cependant, en parcourant l'Angleterre en 1771, j'ai été surpris et en ai témoigné mon étonnement à Mr. Miller, de ne point trouver ces arbres plus communs et aussi répandus que je le comptois, sur-tout après avoir vu les quatre qui sont aux angles d'une pièce d'eau, dans un jardin botanique, à Chelsea, près de Londres, et les douze qui se trouvent dans le parc de Wilton, chez Milord Pembrock, près de Salisbury. C'est dans ces endroits-là que, sans aller au mont Liban, on peut juger des avantages qu'il y auroit à cultiver cet arbre. Ceux de Chelsea proviennent des cônes transportés du mont Liban en Angleterre, vers la fin du siècle passé. On les planta l'an 1685, hauts

Tome I. N

seulement de trois pieds : il y en a deux qui ont à présent, à deux pieds au-dessus de la terre, douze pieds de tour, et dont les branches s'étendent de chaque côté à plus de trente pieds, et viennent presque toucher la terre par leurs extrémités, quoiqu'à leur commencement, elles en soient éloignées de plus de dix pieds. Ces arbres sont plantés dans une terre maigre et sèche, mélée de sable, et où l'on trouve, à deux pieds de profondeur, un lit de pierres réfractaires.

Mr. Pockocke nous apprend, dans son voyage du levant, que les fameux *Cèdres* se trouvent dans l'encoignure au nord-est d'une grande plaine, située entre les plus hauts sommets du mont Liban ; ils y forment un bois d'environ un mille de circuit. Le *Cèdre* le plus rond avoit vingt-quatre pieds de tour ; un autre, dont le tronc étoit triple, étoit triangulaire, et avoit douze pieds de chaque côté.

J'ai remarqué par le petit nombre des *Cèdres* que j'ai vus en Angleterre, qu'ils se plaisent singulièrement dans une terre maigre, et deviennent plus beaux dans un sol gras veleux que dans tout autre : j'ai été étonné de n'en voir que dans les parcs, où ils sont plantés plutôt pour l'agrément que pour l'utilité ou l'envie d'en tirer parti. Ceux que j'ai vu à Wilton en 1771, étoient âgés d'environ quatre-vingts ans, et le plus gros, que j'ai fait mesurer au pied de France, avoit entre quinze et seize pieds de circonférence ; j'en ai vu aussi, en 1769, à Denainvilliers chez Mr. du Hamel, qui, plantés dans une bonne terre à froment, étoient parvenus en seize ans à la hauteur de trente-cinq pieds, sur vingt-deux pouces de tours Les plus grands qui existoient, en 1772, dans ce pays, se trouvoient dans les jardins du Prince de Salm Kirbourg, à Overissche, sur la route de Bruxelles à Wavre, à présent on en voit dans plusieurs autres parcs et jardins.

Mr. Thouin, dans son mémoire que j'ai cité, à l'article *Arbre de Judée*, dit aussi que le *Cèdre* du Liban est un des arbres qui méritent le plus d'être cultivés en grand ; il devient facile à s'en procurer, ajoute-t-il, parce qu'il y a plusieurs individus dans nos jardins qui donnent des fruits en abondance, celui planté au jardin

du Roi à Paris, sur le penchant de la butte, depuis environ quarante ans, avoit, en 1786, six
pieds sept pouces de tour à quatre pieds et demi
au-dessus de la terre : des graines de ce *Cèdre*,
que Mr. Thouin a eu la bonté de m'envoyer,
ont parfaitement levé. Cet exemple prouve encore l'avantage qu'il y auroit à cultiver cet arbre, puisqu'il est bien peu d'arbres, même de
nos plus rustiques, qui atteignent cette grosseur
en aussi peu de tems.

Je ne peux qu'en recommander la culture
et la multiplication, dont la grande facilité
ne peut qu'encourager les propriétaires zélés
à répandre dans leur patrie les arbres qui
leur seront un jour d'un produit avantageux;
celui-ci est de ce nombre, son bois peut se
conserver des milliers d'années, il s'oppose
puissamment à la corruption des substances
animales, et dans l'antiquité, les embaumeurs
se servoient de sa sciure, dont l'huile étoit
propre à la conservation des livres et des ma-
nuscrits; il est aussi rapporté dans Miller que
la statue de la Déesse et la plus grande partie
de la charpente du temple d'Ephèse étoient
du bois de ce *Cèdre*, et que dans le temple
d'Apollon à Utique, on en trouva un tronc

qui duroit depuis plus de deux mille ans ;
je pourrois encore m'appuyer de toutes les
merveilles qu'en dit la Bible, mais ce n'est
point là qu'il faut apprendre à connoître la
nature, ni y chercher des vérités physiques,
nous ne devons en étudier que la saine mo-
rale qu'on y respire : la température du mont
Liban, d'où ces *Cèdres* sont originaires, est
assez froide par la neige qui y séjourne toute
l'année, l'observation de feu Mr. Miller prouve
suffisamment que leurs cônes parviennent à
une plus parfaite maturité dans les hivers
froids que dans les hivers doux, pour espérer d'en pouvoir faire des plantations utiles dans toutes les parties de ce pays - ci,
même dans celles dont le sol est aride et le
climat froid, comme est celui de nos Ardennes, où se trouve la plus grande partie
de la province de Luxembourg, ceux que
le feu Duc d'Aremberg et Mr. Walckiers de
Tronchienne ont fait planter depuis quelques
années, l'un dans son parc d'Enghien et ses
jardins anglois d'Heverlez, l'autre dans son
jardin anglois d'Evre, près de Bruxelles,
viennent très-bien et y feront de très-beaux
arbres par la suite. Il est à observer que la

taille et l'élaguage sont des opérations qui retardent extrêmement la végétation de ces *Cèdres*, et que la graine doit être semée dans une terre fraîche et légère, à l'abri du soleil pendant l'été et des oiseaux, on doit l'arroser souvent et légèrement : les jeunes *Cèdres* ne redoutent point le froid, mais ils craignent fort la trop grande humidité ; on y obvie en tenant les pots couchés sur le côté, lorsque la saison est pluvieuse.

La manière dont on se sert pour tirer la graine des cônes, est d'en rompre la queue, d'en trouer l'axe avec le vilbrequain, et de les mettre tremper dans l'eau ; dès que les écailles s'en séparent aisément, on en retirera les semences, qu'on semera tout de suite.

Il arrive souvent que les cônes qu'on tire d'Angleterre contiennent peu de bonnes graines, la même chose m'est quelquefois arrivée avec ceux que feu Mr. du Hamel m'envoyoit des *Cèdres* que j'ai vus dans ses terres du Gatinois, et avec ceux que me donna Mr. Miller, à Chelsea, près de Londres, dans le mois de juillet 1771 : il est vrai que

graine des cônes, gardée, deux ou trois
ans, est meilleure et mûrit d'autant mieux
que l'hiver a été plus rude.

Quant à la manière d'élever et de cultiver le *Cèdre* du Liban, on peut avoir recours
à l'article du *Mélèse*, parce qu'elle est la
même.

Le CEDRE *à petits fruits* doit être une
variété du *Cèdre* du Liban; ses feuilles sont
plus petites et argentées par-dessous, et c'est
en quoi il diffère de l'autre; il est vrai qu'aucun botaniste n'en parle, mais leur silence
ne prouve rien, puisque la culture, et les
semis sur-tout nous donnent de nouvelles variétés. A Malines, des amateurs ont semé
de la graine de ce *Cèdre*, qui a fort bien levé.

———

CERISIER, en latin *Cerasus*, en flamand
Kriecke-boom, en wallon *Cerisy*, en anglois
Cherry tree.

Quoique le *Cerisier* soit un arbre assez
connu, je ne puis me dispenser d'en parler
et d'en faire connoître quelques espèces ou

N 4

variétés plus ou moins estimables, les unes par la beauté de leurs fleurs doubles et par la bonté de leurs fruits, les autres par la bonne qualité de leurs bois, et par les avantages qu'on peut en retirer : je pense avec Mr. l'Abbé Rozier que le type de presque toutes les espèces de *Cerisiers* aujourd'hui connues, existoit dans les Gaules et y a toujours existé, d'autant que cet arbre aime les pays froids, et qu'on le trouve, comme on l'a toujours trouvé, répandu dans nos bois et nos forêts.

Le *Mérisier* est le *Cerisier sauvage* ou le *grand Cerisier* des bois, *Cerasus major sylvestris, fructu nigro*. On le trouve dans nos bois; c'est un bel arbre, le tronc en est droit et s'élève assez haut, sans nœuds : c'est dommage qu'il soit sujet à être percé par les pic-verds, qui l'attaquent lorsqu'il est encore en vigueur ; ces trous font entrer l'eau dans l'intérieur, qui le pourrit, c'est pourquoi on voit tant de ces arbres creux.

Cet arbre, assez connu pour ne point m'arrêter à le décrire, est fort estimé pour les bonnes qualités de son bois, pour l'usage qu'on en fait et pour sa végétation ; il est agréable dans l'automne, par la couleur rouge de ses feuilles et celui *à fleurs doubles* au printems, par ses grandes guirlandes de fleurs blanches, qui ressemblent à des renoncules semi-doubles. Le bois de *Mérisier* est recherché par les tourneurs, les ébenistes, et surtout par les luthiers, qui prétendent qu'il est sonore; il se travaille bien et prend un beau poli. Quand ces arbres sont gros sans être creux, on les débite en planches, dont on fait de très-beaux meubles; on en fait aussi du bois de chauffage et du charbon, mais si on le conserve plusieurs années, il ne vaut rien pour cet usage. Je l'ai vu aussi employer pour faire des cercles de cuve. Le *Mérisier* vient et subsiste dans de très - mauvais terreins; on en forme des massifs et des avenues.

C'est avec le fruit de cet arbre, qu'on appelle *mérise*, qu'on fait la liqueur spiritueuse, dite *kirsch-wasser*: on l'écrase avec le noyau, dit Mr. Haller; on le laisse ainsi fermenter jusqu'à ce qu'elle prenne une odeur vineuse, alors on la distille, et le produit est le *kirsch-wasser*, liqueur stomacale et fort en usage en Alsace, en Suisse, en Souabe, etc. Comme le *Mérisier* est fort commun dans nos bois, et qu'on le plante même dans plusieurs endroits en allées, lisières, etc. Il seroit à désirer qu'on voulût essayer d'en tirer le même avantage.

Le *CERISIER des oiseaux* ou *Cerisier des Alpes*, N°. 1 de Miller, *Padus avium*, en anglois *Bird-cherry*, en flamand *Voghel-kersen*, fait un charmant effet par ses belles grappes à fleurs blanches; ses fruits sont petits et, comme les cerises, verds dans le commencement, ensuite rouges et puis noirs : cet arbre croît naturellement dans plusieurs forêts ou grands bois de l'Europe; j'en ai tiré, il y plus de quinze ans, de la forêt de Sogne, près de Bruxelles, où on lui donne quelquefois le nom impropre de *Noisetier sauvage*, avec lequel il n'a aucune ressemblance : il croît aussi de lui-même dans les bois des environs de Chimay, dans les haies de la province d'York et dans plusieurs autres provinces du nord de l'Angleterre; on en voit aussi autour de Londres, où il est cultivé dans les pépinières. J'ai lu, dans un voyage anonyme fait au mont Pilat dans le Lyonnois, qu'il existoit aussi dans quelques bois du Dauphiné, mais plus fréquemment dans les montagnes du Piémont et de la Suisse : on trouve aussi dans les mémoires de l'Académie des sciences de Suède des observations de Mr. Bjærnlunde, sur la vertu de son écorce dans les maladies vénériennes ; on en fait une décoction : ce remède, dit-il, est stomachique, anti-scorbutique, et peut s'employer dans les tumeurs aqueuses, dans la cachexie, dans les maladies d'éruption.

Cet arbre fleurit dans le mois de mai ; et orne au mieux les bosquets du printems, ses fruits mûrissent dans le mois d'août : lorsqu'on veut le multiplier par cette voie, on les sème dans l'automne, ils lèvent au printems suivant, et quelquefois la seconde année ; on peut encore en gagner par marcottes et des rejets que fournissent les racines ; on couche en terre les jeunes branches, aussi avant l'hiver et dès que les marcottes sont garnies de racines, on les sèvre de l'arbre mère, pour les mettre un an ou deux en pépinière.

Le *CERISIER des oiseaux d'Amérique*,

N°. 2 de Miller, *Padus rubra*, y croît naturellement, les Anglois en ont tiré la graine;
on le multiplie de la même manière que le
précédent dans les pépinières autour de Londres, où en général on lui donne le nom
de *Cornish-cherry* : quelques botanistes l'ont
confondu avec le nôtre, ses branches sont
plus courtes, plus larges et moins rouges; il
fleurit un peu plus tard, ses fruits sont plus gros
et deviennent rouges au tems de leur maturité. Ce *Cerisier* mérite d'être cultivé et parvient à plus de vingt pieds de hauteur.

Le *CERISIER des oiseaux de Virginie*, N°. 3
de Miller, et N°. 5 de du Hamel (qui l'estime pour la plus belle espèce des *Padus* ou
Mérisers à grappes) *Padus Virginiana*, en anglois *American Bird - cherry*, croît de lui-
même dans la Virginie et dans plusieurs autres parties de l'Amérique septentrionale, c'est
un bel arbre, qui s'élève à la hauteur de
trente pieds, dont la tête se partage en plusieurs branches d'un pourpre obscur, les feuilles
sont d'un beau verd luisant et conservent leur
verdure fort tard dans l'automne; il porte
ses fleurs comme le précédent; ses fruits sont

gros et, étant mûrs, ils sont noirs, plusieurs oiseaux s'en nourrissent; son bois est beau et veiné de noir et de blanc et d'un poli fort doux, aussi est-il employé à différens ouvrages. On peut tirer cet arbre des pépinières de Londres, où je l'ai vu; il se multiplie de graines et par marcottes, comme les deux précédens, et mérite à tous égards d'être cultivé.

Le CERISIER *des Vôges*, dont le bois est employé dans les arts sous le nom de *bois de Ste. Lucie*, d'un village ainsi nommé près de Sampigny, est le *Cerasus mahaleb*, N°. 4 de Miller, qui rapporte dans son dictionnaire, que celui des oiseaux est la vraie espèce; cet arbre est de moyenne grandeur, il s'élève et grossit fort vîte, ses feuilles sont semblables à celles du *Peuplier noir*; il est commun à Ste. Lucie, où l'on fait avec son bois beaucoup de petits ouvrages; c'est aussi de la Lorraine que les ébénistes en tirent le bois, qui est dur, compact, de couleur grise, tirant sur le rougeâtre et dont l'odeur est agréable; les Anglois l'appellent, à cause de cette qualité, *Perfumed-cherry*; ses fruits sont

noirs et amers ; on les sème quand ils sont
mûrs. On peut multiplier ce *Cerisier* par les
semis, par la séparation du pied du tronc
et des rejets produits par les racines.

Plusieurs auteurs ont voulu que les *Padus*,
dont les fruits sont en grappes, fussent le
vrai bois de Ste. Lucie : Mr. du Hamel
même s'en est rétracté, en disant que c'étoit
le *Mahaleb* N°. 6, et non le *Padus*, N°. 4 ;
d'ailleurs le bois des *Padus* est moins odorant, leurs feuilles sont plus grandes, plus
allongées et moins arrondies : ces différences n'empêchent point que le bois des uns
et des autres soit très-recherché par les ébénistes, qui en font de très-beaux ouvrages.

L'auteur anonyme du voyage au mont
Pilat dit que ce *Cerisier des Vôges* ou bois de
Ste. Lucie est commun dans quelques bois
de ce mont, dans plusieurs de ceux du Lyonnois et dans les haies d'Oulin et des Brot-
teaux, près de Lyon, où les jardiniers le
nomment *Petuis* ou petit *Cerisier rouge* ; ses
fleurs et ses fruits sont disposés en bouquets,
les palissades qu'on en forme, sont fort agréables par le mélange des fleurs et des feuilles.

Cet arbre, que j'ai tiré de France et que j'ai trouvé fort répandu dans les bois de Bourgogne, sur-tout du côté de Montbard, vient très-bien et se plaît par-tout, quoique ses progrès soient plus prompts dans les bonnes terres ; il conserve ses feuillles vertes jusqu'aux fortes gelées. Tous les cultivateurs auxquels je l'ai montré ont jugé comme moi, qu'il devoit faire de bons bois taillis : aussi m'a-t-on assuré en Bourgogne, où il y en a beaucoup en taillis, qu'ils y étoient préféré à ceux de *Chêne*, et qu'on les coupoit à dix ans.

Etant à Montbard en Bourgogne, en 1769, Mr. d'Aubenton, qui en étoit Maire et Subdélégué et qui cultivoit la botanique, me donna la méthode suivante comme la plus simple et la meilleure pour semer cet arbre avec succès : ses fruits mûrissent en juillet ; dès qu'on est certain de leur maturité on doit les recueillir et les mettre sécher pendant un mois au grenier, ensuite on les sème, et au printems suivant on a le plaisir de les voir bien lever ; on peut d'ailleurs multiplier cet arbre par marcottes.

Il peut, je le répète, être employé à

quantité d'usages, faire de très-bons taillis à couper à dix ans, être propre à peupler et à garnir des parties de terrein qui sont incultes et où les autres arbres se refusent, se plaire dans les plus mauvaises terres, même les plus légères et les plus superficielles, être des plus convenables pour former des pallisades d'une bonne garniture, bien uniformes, de longue durée et qui viennent promptement, enfin répandre une excellente odeur par ses fleurs, qui s'épanouissent dans le mois de mai. Mr. d'Aubenton, Maire et Sudélégué à Montbard, en fournissoit des graines et des plants à ceux qui lui en demandoient, j'ignore si ses successeurs continuent à en fournir. La graine de ce *Cerisier* lève très-aisément, et on peut la semer dans des terres incultes, en y formant des sillons à six pieds de distance; quant aux plants, on les plante à la pioche sans préparation, dans tels terreins qu'on veut, à cinq ou six pieds de distance, et on les coupe à six pouces au-dessus de terre; au bout de trois ans on doit les couper rez de terre et encore au bout de six ans, après quoi ils fourniront une coupe

de

de petit bois-taillis, qu'on pourra faire tous les dix ans. Il y a sept à huit ans qu'on m'a mandé du Gatinois, qu'on y avoit fait des semis et plantations considérables dans de mauvais terreins des graines, et plants tirés de Mr. d'Aubenton de Montbard, où ils ont bien réussi, et dont on se louoit infiniment. Enfin, le produit de cet arbre est de nature à dédommager à la longue ceux qui le cultiveront; on en voit quelques pieds, même assez gros, dans quelques parties du parc de Bruxelles, depuis les beaux changemens qu'on y a faits.

Le *CERISIER marasque* est principalement cultivé dans trois cantons de la domination vénitienne, le premier aux environs de Brescia, d'où les fruits sont transportés à Venise, où on les distille; le second en Istrie, aux environs de Piramo; on en transporte aussi les fruits à Venise et partie à Trieste : nous tirons le marasquin de ce dernier endroit par la voie d'Ostende. Le troisième est en Dalmatie, sur une côte plantée de vignes, au pied de la montagne de Clissa, entre Spalato et Almissa; l'étendue est de dix-huit milles d'Italie : cette plantation est la plus considérable et les fruits en sont les plus estimés ; les paysans les transportent tous les ans à Zara, aussi le marasquin de Zara est-il le plus excellent ; enfin cet arbre est un vrai *Cerisier*, dit Mr. du Hamel, et ressemble entièrement au *Cerasus sativa, fructu rotundo, rubro et acido*, N°. 9 de son *Traité des arbres et arbustes*, où on en trouve la figure. L'arbre est petit et cassant, ses feuilles sont fermes, de moyenne grandeur, se tiennent droites, chaque bouton donne presque toujours quatre fleurs, les cerises en sont rondes, aigrelettes et vineuses.

Ce savant académicien m'assura encore en 1778, que le *Cerisier marasque* étoit entièrement semblable aux *Cerisiers*, qui viennent naturellement dans les vignes, ce qui a paru de même à celui qui lui a appris à faire du marasquin, aussi me manda-t-il qu'aidé de ses lumières, il avoit fait de cette liqueur, qu'on trouva parfaite, que c'étoit la feuille qui lui donnoit le parfum qui le faisoit estimer, et qu'il étoit aisé de l'augmenter, en mêlant aux *Cerisiers* sauvages quelques feuilles de celui nommé *Bois de Ste. Lucie*, mais pas en grande quantité.

Et, à propos de marasquin, le même savant me manda qu'il faisoit du *Kirsch-wasser* en pilant les cerises comme on fait le raisin : après avoir laissé fermenter ce marc de cerises, on en tire le jus, qu'on distille ; après cette première distillation, on doit le distiller encore une ou deux fois, et la liqueur qu'on en retire est presque comparable à l'esprit de vin, avec un léger goût de noyau. Enfin, le vin de cerises est effectivement délicieux, et la plupart de ceux qui dînoient chez Mr. du Hamel, le préféroient, à ce qu'il m'écrivit dans ce tems-là, aux meilleurs vins étrangers. Voici d'après lui la manière de le faire : on choisit des cerises acides ou à fruits ronds, mais bien mûres, et préférablement celles dont le suc est noir ; on les écrase, et après en avoir retiré les noyaux, on met le marc et le jus fermenter comme le vin. Lorsqu'on sent que le tout a pris une odeur vineuse, on exprime le jus à la presse et on le verse dans une cruche ou dans un petit barril, en ajoutant une livre et demi-quarteron de sucre pour chaque pinte du jus avec les noyaux qu'on aura concassés : la fermentation recommence, et quand elle est cessée, on soutire à clair cette liqueur ou bien on la passe à la chausse pour la conserver dans des bouteilles bien bouchées. Ce vin ou cette liqueur est agréable à boire et peut se conserver pendant plusieurs années.

Je vais passer à présent à la description des principales cerises de table.

Les *Guigniers* et les *Bigarreautiers* ont leurs fruits et leurs noyaux oblongs ; leur chair ferme et adhérente est plus douce que celles des cerises, les *Cerisiers* ont leur fruit, qui se nomme *cerise*, en hollandois *Kerssen*, rond et la peau se détache de la chair ; les *Griottiers* doivent être compris dans cette classe, en Hollande on appelle leur fruit *morellen*, en Angleterre *morelle*, en Brabant *kriecken* et en Allemagne *amarellen* ou *weichseln*, ce fruit diffère de celui des *Cerisiers* par son goût plus ou moins aigre et âpre, les branches de ces arbres sont plus menues et ils croissent d'une forme plus tortillée.

Les *Cerisiers* à fruit en cœur, que les Anglois

appellent *Hearts* et les Hollandois *Hert-kers*, sont les *Mérisiers*, les *Guigniers* et les *Bigarreautiers* : ils sont du moins les espèces principales de cette classe.

N°. 1. Le *MERISIER à petit fruit* de du Hamel est le *Blom-kers*, double fertile de Jean Herman Knoop, fructologiste hollandois, et que les Anglois appellent *Black-cherry* ; j'en ai parlé amplement au commencement de cet article, j'ajouterai ici que le savant Abbé Rozier le regarde comme le type des *Bigarreautiers*, et j'observerai qu'on en trouve dans nos bois plusieurs espèces ou variétés à fruit ou noir ou rouge ou un peu blanc, et même qu différent par la couleur de l'écorce, celui dont le fruit est rouge, est le meilleur sujet pour porter la greffe de toutes sortes de *Cerisiers*.

N°. 2. Le *MERISIER à fleur double* est le *Blom-kers* double stérile : il est recherché pour les bosquets du printems, à cause de la beauté de ses fleurs doubles.

N°. 3. *MERISIER à gros fruit noir* : ce doit être la *Griotte douce, Griotte de mai, Cerise brune de Bruxelles*, en flamand *Brus-*

selche bruyne Kers, Kasteroopsche Wyn-kers de la pomologie de Jean Herman Knoop : les paysans du Brabant ou des environs de Bruxelles la connoissent sous le nom de *Swarte-krieke*. Mr. l'Abbé Rozier n'est point du sentiment de Mr. du Hamel, qui regardoit ce *Mérisier*, comme une variété du Nº. 1, parce que la manière d'être de l'arbre et son fruit établit un caractère très - marqué, il ne la croit pas, due à la culture, ayant trouvé ce *Mérisier* dans des bois éloignés de toute habitation.

Nº. 4. *GUIGNIER à fruit noir* : les Hollandois l'appellent *Guigne van den Broeck*, et celui à *petit fruit noir* leur est connu sous le nom de *guigne noire* : les fruits de ces deux *Guigniers* mûrissent dans le mois de juin, ainsi que ceux des *Guigniers* à *gros fruit blanc* et à *gros fruit noir luisant*, ces guignes se vendent aussi dans nos marchés, en juin et avant la mi-juillet. En Hollande les cerises de *Mai double, dobbelen Mey-kers*, et du prince Maurice ou *Prins Mauris-kers* sont encore mises au nombre des *Guigniers*. Le fruit du *Guignier à gros fruit noir luisant* est délicieux, sur-tout lors-

que l'arbre est cultivé sur des hauteurs, il a
une variété qui lui est préférable, la queue
du fruit est plus courte et n'a pas un pouce
de longeur, c'est à mon avis, dit le savant
rédacteur du dictionnaire d'agriculture, la
plus aromatisée de toutes les guignes ou cerises.

N°. 5. *BIGARREAUTIER à gros fruit rouge*:
on le trouve aussi dans nos marchés, c'est
le *bigarreau rouge* ou *cerise d'Espagne rouge*
décrit dans la pomologie déja citée.

N°. 6. *BIGARREAUTIER à gros fruit blanc*:
c'est le *Bigarreau blanc* ou *cerise d'Espagne blanche* ou *Viceroi* de Jean Herman
Knoop, son fruit se trouve dans nos marchés
vers la fin de juin, et est moins relevé et
agréable que celui du précédent.

N°. 7. *BIGARREAUTIER commun* de Mr.
du Hamel: il tient le milieu entre les hâtifs
et les tardifs, celui qu'il dit qu'on commence
à cultiver sous le nom de *belle Rocmont*, lui
ressemble pour le port et toutes les parties,
doit être le *thé-Carnationcherry* des Anglois
la *cerise de Rouen double* du prédit auteur
hollandois, qui la dit être une espèce de
bigarreau, il y a bien des endroits en Hol-

O 4

lande, ajoute-t-il, où on lui donne le nom de *Hert-kers, Kuis-boute, Wyn-kers d'Espagne, Wyn-kers de France, Wyn-kers sucré :* le fruit en est excellent et mûrit avant la mi-juillet; j'en ai mangé vers ce tems-là en Angleterre, on en voit aussi dans nos marchés de Bruxelles, mais ces bigarreaux sont plus chers que les autres, étant moins communs.

Il y a encore d'autres *Bigarreautiers*, comme le *bigarreau noir* ou *cerise d'Espagne noire*, le *Punt-kers* des Hollandois, *cerise d'Espagne bigarrée*, ou *Perle, bigarreau brun, cerise d'Espagne brune* ou *Sakerdaan-kers*. Miller est porté à croire que les *Bigarreautiers*, qui, en général, produisent peu de fruit, réussiroient beaucoup mieux s'ils étoient greffés sur le *Padus* ou *Cérisier à grappes*, leur végétation seroit contenue et les arbres plus fructueux.

Les guignes et les bigarreaux sont connus des paysans wallons sous les noms de *gascognes rouges* et *noires*, ou pour mieux dire, ils comprennent sous ces noms toutes les cerises dont l'eau est douce, et celles, dont l'eau est aigre leur sont connues sous le nom de *gringes rouges, noires et bleuses.*

Les Cesisiers à fruit rond sont :

Nº. 1. CERISES *à fruit rond précoce* de du Hamel Nᵒˢ. 1 et 2, pages 168 et 170 de son *Traité des arbres fruitiers*, le Nº. 2 doit être le même que le Nº. 9 de son *Traité des arbres et arbustes*, et celui que les Anglois appellent *Kentish-cherry* et les Flamands *Roode-kers*; cette espèce est très-commune en Angleterre, les amateurs ne semblent guères rechercher ces *Cerisiers*, leurs fruits sont les premiers, qui se vendent dans nos marchés, ils sont arrangés autour d'un petit bâton que les enfans achetent un liard.

Sous le nom de *Cerisier commun à fruit rond* est compris, dit Mr. du Hamel, un grand nombre de variétés de *Cerisiers*, qui s'élèvent de noyaux dans les vignes, les vergers, les clos et même les bois : ils varient non-seulement par la grandeur de l'arbre, des feuilles et des fleurs, mais aussi par la grosseur, le goût et le tems de la maturité. Mr. l'Abbé Rozier regarde le *Cerisier commun à fruit rond* comme le type des cerises à fruit acide.

Je ne puis m'empêcher de répéter après

lui, que les cerises ont dû être connues dans les Gaules et même indigènes, avant que Lucullus en enrichît l'Italie, puisque les Druides en mangeoient, mais aussi la connoissance de celles qu'il donna aux Romains aura pu perfectionner les gauloises.

N°. 2. *CERISIER à trochet*, c'est le *Troskers* des Hollandois, cet arbre mérite d'être cultivé à cause de sa grande fécondité, nos marchés en sont garnis dès les premiers jours de juin.

N°. 3. Le *CERISIER à gros fruit, gros Gobet, Gobet à courte-queue*, est cette belle cerise grosse, très-charnue, excellente, tant crue que confite, qui est mûre dans le mois de juillet et dont le goût est agréable, quoique moins doux que celui des bigarreaux; elle est plus saine aussi que ces derniers. Mr. du Hamel dit que les Anglois lui donnent le nom de *cerise de Kent*, à cause qu'elle est très-commune dans cette province; nos jardiniers flamands l'appellent *Volders*, et les Hollandois *cerise de Volder*, les anciens Belges l'appelloient *Lusitanica, Portugaises*, en flamand *Portugesche*, nom qu'elle a conservé

qu'aujourd'hui chez toutes les fruitiers et
bitans de Bruxelles : il y en a plusieurs
tiétés, qui sont le *Cerisier de Montmorenci*,
Cerisier à gros fruit rouge-pâle (on trouve
tte cerise dans nos marchés vers la der-
ère quinzaine de juin, lorsque la saison
belle et chaude.) Le *double Volger* ou
olgers-volger, *Glimmerts* ou *Grand-glimmerts*
c. etc. qu'on trouve écrits dans la fruc-
logie déja citée : parmi les cerises qu'on
ltive an village de Scharbeck, près Bruxel-
s, on voit beaucoup de ces *Cerisiers - ci*,
ue ses habitans viennent vendre dans nos
archés et à nos brasseurs : ils vendent, en
ande partie, leurs *Swarte-kriecken*, qui
nt des *Griottes*.

N°. 4. Le CERISIER *à fruit ambré*, à
uit blanc doit être la *cerise d'Orange*, *Her-
ginne-kers*, ou celle que les Hollandois
pellent *cerise rouge de Bruxelles* : le fruit
est excellent, et mûrit en juillet, mais il
t peu abondant, à cause que la fleur noue
ficillement.

N°. 5. Le GRIOTTIER porte une ce-
se grosse, dont la peau est fine, luisante

et noire, il a la chair ferme et d'un rouge brun très-foncé, l'eau en est très-douce et très-agréable, ses fruits mûrissent en juillet, Jean Herman Knoop l'appelle *griotte double* et la *griotte simple* en est une variété, qui ne mûrit que vers la mi-août et qui est la plus commune des environs de Paris : il y en a encore plusieurs (et de ce nombre sont les *Cerisiers à petit fruit noir* et à *très-petit fruit noir.* N°s. 16 et 17 du *Traité des arbres fruitiers* de Mr. du Hamel, leurs fruits sont employés pour les ratafias et pour le vin de cerises; ils sont communs et en usage autour de Bruxelles, où on les appelle *swarte-kricken* ou *swarte-kers*) tous ces *Griottiers* ne varient que par leur fertilité ou grandeur, la quantité du sol et d'autres causes influant, sans doute, sur ces différences et les noms changeant selon les endroits, où ces *Griottiers* croissent. J'observerai cependant que les fruits du *Griottier de Portugal,* connu sous le nom de *royale,* de *royale de Hollande,* de *cerise* de Portugal et d'*archduke-cherry* par les Anglois, mûrissent aussi en juillet et que ses griottes sont regardées, comme les plus grosses et les meilleures.

La *cerise du nord*, ainsi appellée par plusieurs jardiniers de ce pays, est aussi une griotte, je la prends pour le *Griottier d'Allemagne* du beau Traité des arbres fruitiers de du Hamel; on place ce *Cerisier* en espalier à des murs exposés au nord, au nord-ouest et au nord-est; cette exposition rend la maturité du fruit tardive au point que j'en ai mangé jusqu'en octobre dans ce pays-ci : les Anglois font de même avec leur *Morelle*, voyez le dictionnaire de Miller.

Nº. 6. Le *DUKE-CHERRY* des Anglois est une bien bonne cerise, elle mûrit avant la mi-juillet, j'en ai mangé vers ce tems-là en Angleterre chez le Général Mordant, près Southampton, et chez Mr. Dayrolles à Henly-parck; les Hollandois l'appellent *Hertogs-kers*, ou *Knap-kers* ou *cerise de Gaderop*, et en France on lui donne le nom de *Royale* ou *cherry-duke*.

Il y en a trois variétés qui ne diffèrent que par le fruit : 1º. la *royale hâtive* des François, *mai-duke-cherry* des Anglois, *cerise de mai double* ou *dobbele mey-kers* des Hollandois et des Brabançons, les fruits de cette

variété sont beaucoup plus hâtifs et mûrissent dès la fin de mai ou dès les premiers
jours de juin. 2°. La *royale tardive* ou *cerise de mai simple* porte des fruits fort acides
et qui ne mûrissent qu'en septembre : Jean
Herman Knoop dit que l'arbre de cette variété est très-stérile, et ne mérite même pas
qu'on le cultive. 3°. Le *holmans-duke* est
une belle et excellente cerise : plusieurs de ces
Cerisiers, lorsqu'on les place contre un mur
exposé au nord ou au nord-ouest, donnent
des fruits fort tardifs.

N°. 7. La CERISE - *guigne*, que Mr. du
Hamel croit variété du précédent sous N°. 6,
est la même que plusieurs jardiniers, dit-il,
nomment *royale, cerise nouvelle d'Angleterre*,
doit être, selon moi, le *muscadet de Prague*,
en flamand *Praegsche muscadel - kers*, décri-
par Jean Herman Knoop ; le savant académicien de Paris rapporte, dans son beau
Traité des arbres fruitiers, page 196 (planche XVI, fig. 2) que ce *Cerisier* a une variété que je prends pour le *muscadet de Prague tardif* : parmi les bonnes cérises étalé-
sur nos marchés, celles-ci s'y trouvent aus-

de la fin de juin à la mi-juillet : ces deux cerises (dit l'auteur hollandois, que j'ai comparé continuellement à Mrs. Miller et du Hamel) sont fort recherchées en Hollande, à cause de leur saveur et délicatesse; elles sont les plus dignes d'être cultivées pour leur grande fertilité et parce qu'elles manquent moins facilement, on peut en mettre en espalier, mais seulement à une exposition vers l'est, sud-est ou ouest, celle du sud ou du sud-ouest étant trop brûlante pour les cerises.

Il y en a plusieurs autres espèces ou variétés, que je supprime, n'ayant voulu faire connoître que les principales et les meilleures, dont les fruits, comme ceux de presque tous les *Cerisiers* peuvent servir à différens usages pour lesquels on pourra consulter les auteurs, qui sont entrés à cet égard dans le plus grand détail.

Lorsqu'on veut avoir des vergers de *Cerisiers*, on doit en espacer les arbres à quarante pieds, c'est ainsi que sont tenus ceux que j'ai vus dans la province de Kent, en Angleterre, où les premiers *Cerisiers* furent portés des Pays-Bas en 1540, et plantés dans la prédite province, (c'est à-dire les meilleures espèces :) qui est renommée pour ses bonnes cerises, son houblon et ses bonnes pommes-renettes ; les arbres sont alors moins sujets à la brouissure et on peut mieux les labourer au pied, la plupart des jardins autour de Bruxelles sont aussi remplis de *Cerisiers*, mais c'est dommage qu'on n'y soit point plus délicat sur le choix de bonnes espèces.

Enfin le bois du *Cerisier* et sur-tout du *Mérisier*, est plein, ferme et doux, rougeâtre, propre, uni et se coupe facilement ; les ébénistes, les tourneurs, les menuisiers et les tabletiers le recherchent et s'en servent ; le bois du *Mahaleb* et du *Padus*, qui sont du même genre et connus sous le nom de *Ste. Lucie*, l'est de même, et spécialement par sa bonne odeur.

CHAMÆ-CERISIER, en latin *Chamæcerasus.*

Le *Chamæ-cérisier* est le *Chamæ-cerasus* des auteurs, haut de deux pieds et plus, dont

dont le fruit est une baie rouge, de la grosseur d'un pois, ou une petite cerise, marquée
de deux points, remplie d'un suc amer, et
de mauvais goût, n'est point un *Cerisier* proprement dit; c'est le *Chevre-feuille à tige droite*
des Anglois, le *petit Bois* des paysans, et le
Lonicera de Mr. Linnæus. Si on en avale
quatre ou cinq baies, elles excitent le vomis-
sement, purgent très-violemment, et causent
des convulsions. On distingue aussi des *Ce-*
risiers bas à fruit bleu et à fruit noir; enfin le
Chamerisier est le faux *Cerisier*, qu'on trouve
dans les taillis et les haies, et que Dodonæus appelle *naenkens-kersen* en flamand : il y en a encore trois espèces ou variétés; voyez le *Traité*
des arbres et arbustes de du Hamel.

CHARME, en latin *Carpinus*, en flamand
Wiel-boom ou *Hesselter*, en wallon *Carme*,
en anglois *Common Horn beam*.

Le *Charme* est un des beaux arbres forestiers de la moyenne grandeur; il est commun
dans les forêts et les bois; on en voit en taillis
et en arbres de futaie. Le bois en est très-

Tome I.   P

dur, de couleur blanche et cassant lorsqu'il est fort sec. Il y a fort peu de bois de chauffage aussi bon; on en fait généralement un grand usage, et les charrons et les menuisiers s'en servent, mais il est bien rare qu'on en puisse faire de grosses pièces de charpente.

On n'ignore point les belles palissades et haies qu'on en fait, et auxquelles on a donné le nom de *charmilles* : on en tire les plants de dessous les gros *Charmes*.

Cet arbre subsiste sur des côteaux, où d'autres arbres mourroient, et vient bien dans toutes sortes de terreins, pourvu qu'il y ait un peu de fond.

Enfin, le *Charme* un peu grand, est assez remarquable par des espèces de cordes, qui partent des principales racines, s'étendent le long du tronc et en interrompent la rondeur; il a l'écorce blanchâtre et assez nouée, ordinairement elle est chargée d'une mousse brune qui la dépare.

Les trois espèces ou variétés suivantes méritent de trouver place dans nos bosquets, même dans nos bois; je les ai vus en Angleterre et en France, il y en a déja dans ce pays, mais les arbres sont encore jeunes.

Le *CHARME à fruit de houblon*, en latin *Ostria*, en anglois *hop Hornbeam*, s'appelle *Bois dur* en Canada; il quitte ses feuilles avant l'hiver, et croît plus vîte que celui de ce pays; les écailles des chatons sont enflées; il est fort répandu dans plusieurs parties du nord de l'Amérique, et il est très-commun en Allemagne.

Le *CHARME de Virginie*, en anglois *Virginiana flowering Hornbeam*, a le bois aussi dur que celui du *Charme* de ce pays; ses feuilles sont en forme de lance, terminées en pointe, et ses chatons sont très-longs : il vient de boutures.

Le *CHARME du levant*, en anglois *Eastern Hornbeam*, ne s'élève guères au-dessus de dix à douze pieds; ses chatons sont courts et ses feuilles ovales, dentelées et en forme de fer de lance.

CHATAIGNIER, en latin *Castanea sylves-*
tris, en flamand *Castanie-boom*, en wallon
Castany, en anglois *Chestnut-tree*.

Le *Châtaignier des bois*, en latin *Castanea*
sylvestris, *quæ peculiariter Castanea*, est un
arbre de forêt de la première grandeur, dont
la beauté et la bonté sont connues de tout
bon cultivateur : cet arbre doit avoir été plus
commun anciennement dans les forêts et montagnes de l'Europe. Un auteur moderne dit
» qu'il étoit autrefois une espèce commune
» et fort utile en France; tous les jours les
» curieux vont admirer sa beauté, sa net-
» teté et la parfaite conservation de ce bois,
» dans les charpentes de la plupart de nos
» grandes églises. L'espèce en a été pres-
» qu'entièrement épuisée, mais aujourd'hui
» on commence à espérer de voir revivre
» en France ce bel arbre, que nous avions
» pour ainsi dire perdu ".

Mr. le Comte de Buffon a parfaitement
démontré qu'il y avoit lieu de douter si ces
belles charpentes, etc. étoient effectivement

bois de *Châtaignier*, et voici ce qu'il dit à ce sujet : » j'ai eu occasion d'en voir quel-» ques-unes et j'ai reconnu que ces bois pré-» tendus de *Châtaignier* étoit du *Chéne blanc à* » *gros glands*, qui étoit autrefois bien plus com-» mun qu'il ne l'est aujourd'hui en France, » par une raison bien simple ; c'est qu'au-» trefois, avant que la France ne fût aussi » peuplée » (on peut dire la même chose de ce pays-ci et de bien d'autres) » il existoit » une quantité bien plus grande de bois en » bon terrein, et par conséquent une bien » plus grande quantité de ces *Chénes*, dont » le bois ressemble à celui du *Châtaignier*.

» Le *Châtaignier*, continue le savant Na-» turaliste, affecte des terreins particuliers, » il ne croît point ou vient mal dans toutes les » terres, dont le fond est de matière calcaire, » il y a donc de très-grands cantons et des pro-» vinces entières, où l'on ne voit point de » *Châtaigniers* dans les bois, et néanmoins » on nous montre dans ces mêmes cantons » des charpentes anciennes, qu'on prétend » être de *Chataignier* et qui sont de l'espèce » de *Chéne*, dont je viens de parler ».

P 3

Cette observation, qui peut être fondée (cette ressemblance ayant bien pu échapper à des observateurs moins savans) ne doit cependant pas empêcher les propriétaires de cultiver le *Châtaignier*, dont le bois leur sera toujours d'un produit et d'un débit avantageux.

Mr. Ducarel paroît prouver le contraire dans les 17ᵉ. 18ᵉ. et 19ᵉ. art. des transactions philosophiques, vol. LX pour l'année 1771, puisqu'il dit que le *Châtaignier* croît naturellement en Angleterre, et prouve que la charpente d'un très-grand nombre d'anciennes maisons à Londres, aux environs et dans toute l'Angleterre, est de bois de *Châtaignier*, et que cet arbre se trouve dans plusieurs forêts et bois considérables de cette île, et sur-tout dans la partie septentrionale : il est à présumer qu'il en étoit de même dans les cantons, où on en trouve d'anciennes charpentes.

Le *Châtaignier* et le *Marronier* croissent naturellement en Angleterre, le long du Rhin, dans le canton de Lucerne, sur les montagnes du Jura, en Franche-Comté, dans le pays de Gex, le long du lac de Genève, dans la Savoye, le Dauphiné, la Provence, le Languedoc, sur les Pyrennées, les Apennins, dans la Corse, le Vivarais, le Lyonnois, le Limousin, l'Angoumois, la Saintonge, etc. Le savant Abbé Rozier observe que leurs fruits sont supérieurs en qualité, lorsqu'ils végètent sur les montagnes du troisième ordre; c'est aussi dans de pareilles positions que ces arbres deviennent prodigieux par le tronc et l'étendue des branches; observation que j'ai été à portée de faire aussi dans le voyage que je fis en France en 1769, au lieu que ces arbres, plantés dans des parties plus tempérées, produisent des fruits moins savoureux; aussi se contente-t-on d'en faire des taillis, ainsi que j'en ai vu dans le Dauphiné, le bas Poitou, dans le canton connu sous le nom de *Boccage*, etc. Je me rappelle à propos de cela, qu'en passant à Marans, petite ville du pays d'Aunis, j'eus occasion d'y voir beaucoup de cercles de *Châtaignier* à vendre.

Dans le voyage que j'ai fait en 1771, avec le feu Duc d'Aremberg dans différentes provinces d'Angleterre, j'ai été à même de voir encore des *Châtaigniers* fort vieux dans plusieurs parcs, ce qui prouve que cette espèce d'arbre doit avoir été plus commune autrefois, et d'autant plus que quelques-uns de ces *Châtaigniers* se trouvent dans des endroits qui ont été bois ou forêts : voyez aussi ce qu'en dit Miller dans son excellent dictionnaire. Il en existe un chez le Lord Duris, dans la province de Glocester, planté dans un sable noir, gras et tirant sur l'argile (dont Mr. Collinson envoya, il y a quelques années, la description à Mr. du Hamel du Monceau.) Il a cinquante pieds de circonférence à cinq pieds au-dessus de terre, et, suivant le calcul des différentes époques, on a lieu de croire que cet arbre est âgé de plus de neuf cens ans ; aussi est-il prouvé qu'il n'y a point d'essence d'arbres quelconques qui vivent si long-tems, et peu qui parviennent à la même grosseur.

En voyageant en France, j'ai eu aussi occasion d'observer quelques *Châtaigniers* très-vieux, et qu'on pourroit croire de la plus haute antiquité, dit Mr. de la Bretonnerie c'étoient des restes, m'a-t-on assuré, des *Châ taigniers* détruits par l'hiver de 1709 et par d'autres, je pense, plus anciens et peut-être plus rigoureux, comme ceux de 1695, 1683 à 1684, 1670 et 1608. Je me borne à cette citation quant aux hivers, d'autant plus que cette cause n'est point la seule qui ait dé-peuplé et détruit la plus grande partie de ces arbres précieux; on peut à ce sujet con-sulter la réponse de Mr. Cabanis à Mr. Par-mentier, page 131 et suivantes du *Traité de la châtaigne* de ce dernier, auquel je renvoie ceux qui voudront s'instruire plus amplement de tout ce qui a rapport au *Châtaignier*.

On n'ignore point combien le *Châtaignier* et le *Marronier* sont précieux, l'un par son bois et l'autre par son fruit. Quand les terreins seront convenables, on fera très-bien d'en faire des taillis pour en tirer des cercles, qu'on vend fort chers; il est vrai qu'il y a des cultivateurs qui craignent, non sans rai-son, que l'attrait de ses fruits ne nuise à leurs bois-taillis, en ce que ceux qui vont les prendre foulent les souches et cassent les branches. Cet inconvénient, qui est d'un grand préjudice dans les bois des particuliers, le devient moins dans ceux des Seigneurs et des communautés, qui ont des gardes pour y veiller; aussi plusieurs propriétaires, persuadés de ces avantages, en font des taillis, des bois et autres plantations.

Lorsqu'on destine le *Chataignier* à être élevé en taillis, pour en faire des cercles, il est bon que le sol soit un peu humide, il produit alors de belles perches; et pour la charpente, le bois en est meilleur, lorsqu'il aura cru dans une terre plus sèche. J'ai connu un Gentilhomme de ce pays, qui le cultivoit avec beaucoup de succès, et qui en avoit des pépinières considérables. Il plantoit ses châtaignes au printems, après les avoir fait germer dans le sable, pendant l'Hiver; quelquefois il leur rompoit le germe ou la radicule, quelquefois point : celles qu'il trouvoit n'avoir pas germées, il ne les plantoit point, et prenoit un grand soin, en formant son semis, de ne point en laisser quelques-unes hors de terre, qui eussent pu attirer les corneilles et les pies, et causer la destruction de l'entier semis (chose connue par expérience.) Les jeunes *Châtaigniers* sont souvent en état d'être plantés à cinq ans, et cela, par la seule méthode de les élaguer à propos, qui ne consiste qu'à leur retrancher les branches, dans les mois de juin et de septembre, en les pinçant, à deux ou trois pouces du tronc : j'ai vu planter de ces arbres, à cinq ou à six ans, qui étoient droits et garnis d'un bel empattement de racines, et on m'a fait observer qu'un *Châtaignier* est perdu dès qu'il rougit.

On confond très-souvent le *Marronier d'Inde* avec le *Châtaignier*, et plusieurs lui donnent le nom de *Châtaignier sauvage*, qui n'est dû qu'à notre *Châtaignier* des bois, qui est le sauvage, (peut-être le type de tous les autres) et sur lequel on greffe le *Châtaignier* cultivé, en fente, en écusson à œil dormant, dont la réussite est plus sûre qu'à œil poussant; mais on a encore plus de succès de la greffe en sifflet. Etant à Condrieux, dans le Lyonnois, je me suis informé d'où l'on tiroit la belle espèce de *Châtaignier* qui donne les marons de Lyon; on m'a dit que c'étoit du Brésil, paroisse de Loire, et des cantons voisins.

Plusieurs cultivateurs pensent que, pour avoir constamment de bons marons, il faut les greffer sur les *Châtaigniers* sauvages, élevés de semences; je l'ai cru aussi d'après ce qu'on m'en avoit dit étant dans le Lyonnois; mais des *Châtaigniers* que j'ai gagné de très-belles châtaignes d'Espagne, que j'avois fait semer, m'ont fait revenir de cette erreur, d'autant que ces arbres ont commencé à me donner de très-gros marons. Les essais de Mr. Cabanis viennent encore à l'appui de ce que je viens d'avancer : il assure, dans son *Essai sur la greffe*, qu'ayant suivi d'assez près la marche des variétés dans les semis des châtaignes, des noix, des pêches, des abricots, des cerises, etc. il pouvoit certifier qu'avec des semences bien choisies, on peut tout naturellement, et sans aucun secours de la greffe, se procurer de bons fruits : Mr. l'Abbé Rozier assure la même chose dans son *Dictionnaire d'agriculture*.

Il est à observer, ainsi que je l'ai remarqué dans mes voyages dans les cantons où le *Châtaignier* étoit cultivé pour la charpenterie, de ne planter cet arbre qu'en massifs, de n'en faire que des bois ou forêts, au moyen des semis à demeure, qu'on commencera à éclaircir après la troisième ou la quatrième année : l'arrachis ou l'abbatis qu'on en fera à la huitième année, donnera des cerceaux, perches et échalas, et, en continuant de supprimer à mesure que les arbres se nuiront, on parviendra au tems de ne devoir plus les espacer qu'à quarante-huit pieds, et alors la forêt sera formée et les arbres acquerront la plus grande force.

Quant à ceux qu'on élève pour en recueillir le fruit, on doit les tenir éloignés les uns des autres, et alors on ne doit point les laisser élever en arbres forestiers.

Les ouvrages de feu Mr. du Hamel, les excellens dictionnaires d'agriculture de Mr. l'Abbé Rozier, et des jardiniers et des cultivateurs par Miller, etc. etc. dédomageront ceux qui voudront les consulter et qui sûrement ne regretteront point le tems qu'ils auront employé à les parcourir et à les étudier.

Je vais terminer cet article par l'énumération des *Châtaigniers* les plus connus des amateurs de la dendrologie : Mr. du Hamel disoit qu'en considérant la grosseur et la saveur des fruits de ces arbres, on pourroit en distinguer une infinité d'espèces ou variétés, mais que quant à la qualité de leur bois, à peine pourroit-on en distinguer deux espèces.

N°. 1. *CHATAIGNIER sauvage* ou *des bois*: cette espèce paroît être de celles cultivées en Europe.

N°. 2. *CHATAIGNIER commun*, espèce dérivée du précédent.

N°. 3. *CHATAIGNIER à feuilles panachées*.

N°. 4. *Petit CHATAIGNIER à grappes*.

N°. 5. *CHATAIGNIER à feuilles ovales*, en forme de lance, en dentelures aigues, velues par-dessous et à chatons minces et noueux.

N°. 6. *CHATAIGNIER à feuilles ovales oblongues*, à très-gros fruits ronds et épineux.

N°. 7. *CHATAIGNIER de Virginie* ou *Chinkapin*: feu Mr. du Hamel a dit quelque part dans ses ouvrages, qu'il ne faisoit que languir en France, il est même peu commun en Angleterre, mais beaucoup en Amérique.

N°. 8. *CHATAIGNIER d'Amérique* à larges feuilles et à gros fruits; on le trouve dans Miller sous le nom anglois, *the sloanea of Plumier*; la découverte en est due au Père Plumier; il y a cette différence des autres, en ce que chaque bourse renferme quatre châtaignes au lieu de trois.

N°. 9. MARRONIER ou *Châtaignier cultivé* : espèce précieuse pour le fruit, et que Mr. l'Abbé Rozier regarde comme une espèce jardinière, c'est-à-dire produite accidentellement par la culture et non par la greffe, quoiqu'il soit vrai que la greffe l'a perfectionnée. A propos de greffe, voyez ce que j'ai rapporté en terminant le troisième chapitre.

Il m'est indispensable de faire observer que le *Châtaignier* est un arbre du nombre de ceux qui attirent la foudre. Que de malheureux, sur-tout de la classe du peuple, qu'on ne cherche jamais à instruire, vivroient encore, s'ils avoient su qu'il est dangereux de se mettre à l'abri pendant l'orage sous des arbres élevés et électriques de leur nature, et sur-tout isolés, comme sont le *Châtaignier*, le *Noyer*, etc. et tous ceux qui ne contiennent que des sucs aqueux. Mr. Faujas de Saint-Fond, dans ses *Recherches sur les volcans éteints du Vivarais et du Velay*, considère les *Châtaigniers* en fruits, dont l'enve-

loppe est hérissée de pointes, comme con-
ducteur du feu électrique, son idée fut véri-
fiée pendant un violent orage qu'il éprouva
au Colombier, village du Vivarais.

C H Ê N E, en latin *Quercus*, en flamand
Eychen-boom, en wallon *Chêne*, en anglois
Oak-tree.

L'histoire, la description et l'usage de cet
arbre, sont trop connus pour entrer en matière à ce sujet, d'ailleurs je ne pourrois que
répéter ce que tant d'auteurs savans ont dit
et décrit dans plusieurs ouvrages aussi lumineux qu'intéressans, auxquels je renvoie ceux
qui voudront y trouver ce que je ne puis
leur faire connoître dans ce MANUEL, me
bornant à leur recommander la culture d'un
arbre aussi précieux qu'est le *Chêne.*

Cet arbre se multiplie de semences et donne
par conséquent, beaucoup de variétés; aussi
les forêts, et les bois en sont-ils tellement
remplis, qu'à peine en trouve-t-on deux qui
se ressemblent.

Il forme la masse de nos forêts, et vient
par-tout,

par-tout; mais, comme la nature du sol in-
flue beaucoup sur la qualité de son bois, (et
ce n'est sûrement point une bagatelle que d'y
avoir égard) il ne s'élève, ne grossit, et ne
vit long-tems qu'à proportion du sol qui lui
est le plus ou le moins propre; le bois de
cet arbre est de bonne qualité, dans un terrein un peu sec, mais encore plus dur dans
le gravier mêlé de bonne terre, au lieu que
dans les bas fonds, dans les endroits humides, sur les revers des montagnes exposés au
nord, il est plus spongieux; en général le
sol et la situation contribuent infiniment à
toutes ces différentes, et Mr. du Hamel assure » que dans l'examen qu'il a fait du bois
» des différentes espèces de *Chêne* qui crois-
» sent dans les forêts, il n'a pas apperçu que
» l'espèce, quelle qu'elle soit, influât autant
» sur la qualité de leur bois, que l'âge et le
» terrein ".

Quant aux différens usages qu'on fait du
bois de *Chêne*, ils varient selon les lieux et
le parti qu'on en retire : là on réduit ces arbres en bois de corde, et les jeunes taillis en
fagots; ici, en bois de charpente et de me-

Tome I.   Q

nuiserie; ailleurs, comme du côté de Mali-
lines, l'écorce des jeunes *Chênes* fournit le
tan, mais quoiqu'on s'obstine en ce pays à
l'employer par préférence; Mr. du Rondeau,
de l'Académie de Bruxelles, a démontré que
le bois même, et encore plus les jeunes branches, étoient plus propres que l'écorce, etc.
J'ai déja dit que la plus grande différence
dans la qualité du bois ne provenoit que de
la nature du sol, c'est la raison pour laquelle
nos ouvriers font plus de cas des *Chênes* des
Ardennes que de ceux de la forêt de Sogne,
près de Bruxelles : le bois en est plus beau,
plus dur et moins gras. On m'a mandé de
la province de Luxembourg et d'autres endroits des Ardennes, qu'on y choisissoit de préférence, pour la menuiserie, les *Chênes* qui
avoient crûs sur des côteaux exposés au sud,
et pour la charpente, ceux exposés au nord;
c'est pourquoi les *Chênes* de Dannemarck
sont les plus estimés; ceux de Norvège, de
Suède, etc. le sont aussi, mais tiennent le
second rang. En un mot, les charpentiers,
les menuisiers, les tonneliers, les bosseliers,
les vignerons, les charbonniers, les tour-

fleurs, les ébénistes, les tanneurs, les pê-
cheurs, les marins, et quantité d'autres ouvriers emploient beaucoup de bois de *Chêne*.

Je vais à présent dire un mot des différentes espèces ou variétés de *Chênes*, avec
leurs noms en anglois, sur-tout pour les exotiques, afin que les amateurs puissent plus
facilement les tirer des pépinières autour de
Londres, parce qu'ailleurs, où presque tout
se fait pour suivre la mode du moment, ces
sortes d'entreprises ne peuvent se soutenir
comme en Angleterre et en Hollande, malgré la bonne intention des sociétés ou des
particuliers qui les avoient formées.

N°. 1. *CHÊNE commun*, *Quercus latifolia
mas*, *quæ brevi pediculo est*, ou *Quercus ro-
bur*, en flamand *Steeneyck* ou *Vaer-eycken*,
en wallon *Chêne noir*, c'est le *Camme* ou
Ghemeyne Eycke N°. 1 de Dodonæus, et
celui qu'on appelle *Weselshout* (*) en Hol-

(*) Son bois dure long-tems, on en fait des pilotis, mais il n'est nullement propre à la menuiserie, selon l'ouvrage d'où j'ai extrait cette observation.

Q 2

lande. Cette espèce a l'écorce très-raboteuse,
ses feuilles sont larges et les pédicules des
glands fort courts; le bois de celui - ci est
ferme, liant et de bonne qualité; il produit
beaucoup de branches, sur-tout lorsqu'il est
isolé; il peut par conséquent fournir beaucoup de bois tors à la marine. Le fil de son
bois est rarement bien droit, et par - tout
où ses dimensions permettent d'en faire usage,
on l'emploie en charpente. L'arbre croît lentement et garde ses feuilles jusqu'aux nouvelles; c'est à cause de cela qu'on les appelle
vernales : ce *Chêne* croît dans toute l'Europe,
mais non au-delà du Royaume de Suède;
cette espèce a produit le plus grand nombre
de variétés.

N°. 2. *CHÊNE femelle*, N°. 2 de Miller,
en flamand *Eycken-boom*, en wallon *Chêne
blanc* : c'est une espèce qui croît plus vîte,
plus droite et qui est plus sensible aux fortes
gelées; ses feuilles sont plus allongées; plus
étroites et découpées plus profondément que
celles de la précédente; son écorce est aussi
plus fine et plus unie, ses glands plus alongés, en grappes et à long pédicules. Cette

espèce s'étend moins en branches, forme un plus beau tronc, vient plus vîte ; le bois en est plus doux et n'est point rebours ; ses fibres, quoique fortes et élàstiques, sont fines et droites, aussi le débite-t-on en bois de sciage pour la menuiserie, et l'emploie-t-on aux ouvrages de fente, pour lesquels il est très-propre.

L'espèce ou la variété de *Chêne*, qui croît si bien à Everbode et à Tongerlo, abbayes situées dans la Campine, est la même (à ce que soupçonne un cultivateur de mes amis qui l'a vue) que celle qui croît dans les environs de Montjoie, petit bourg situé aux confins du pays de Juliers, dont il fait partie, entre Aix-la-Chapelle et Malmedi, du côté du pays de Schleyden : ce *Chêne* a les feuilles plus lisses, plus grandes et les glands plus longs, son bois plus verdâtre et plus uni, sa végétation est très-prompte, et les taillis qu'on en fait sont aussi bons et rendent autant à quatre ans, que les autres à six. J'en ai semé des glands dans ma terre de Saintes en Hainaut ; leur végétation paroît vigoureuse, et les *Chênes* qui en sont pro-

Q 3

venus et qui ont la feuille grande, paroissent faire plus de progrès que ceux à petite
feuille, preuve évidente que ce semis a produit de nouvelles variétés, et que celles qui
croissent avec plus de vigueur, doivent avoir
moins varié et plus participé de l'espèce dont
elles sortent.

Nº. 3. *CHÊNE rouge de Virginie à grandes feuilles*, en anglois *Broad-laves Scarlet
Oak of Virginia* : Nº. 11. de Miller et Nº.
17. de du Hamel : ce *Chéne* croît naturellement dans l'Amérique septentrionale; ses
feuilles, parvenues à leur grandeur, ont le dessous des nervures un peu rouge et en automne
elles deviennent entièrement de cette couleur;
le bois en est assez tendre et de peu de durée;
je l'ai vu, chez Mr. du Hamel en 1769, planté
dans une terre humide où il réussissoit bien
et où il fournissoit beaucoup de marcottes. Le
Chéne rouge à feuilles étroites, en anglois *Narrow leaves Scarlet Oak*, en sera une variété ou
plutôt l'espèce d'où est provenu le précédent,
par la raison que j'ai indiquée à l'article du
Peuplier Nº. 3. de cet ouvrage. Ce doit être
le bois de ce *Chéne*-ci que Mr. le Baron de

Tschoudi me manda en 1778, (en parlant du *Chêne rouge du Canada*) être fort dur et fort bon : il est certain qu'en Amérique on en connoît deux de cette espèce, je les ai vus dans plusieurs parcs et pépinières de l'Angleterre.

N°. 4. *CHÊNE blanc de Canada*, en Anglois *white of Virginia*; N°. 12. de Miller et N°. 16. de du Hamel : ses feuilles sont longues et larges d'un verd tendre et agréable, ses glands, petits et doux, comme des châtaignes : il pousse avec beaucoup de vigeur et se multiplie par marcottes, il croît naturellement dans l'Amérique septentrionale, son bois y est estimé et même préféré, pour bâtir, aux autres espèces qui y croissent.

N°. 5. *CHÊNE d'Highland*, *à feuilles de Saule toujours verd*, en anglois *Highland Willow leaved Oak, evergreen*, N°. 13 de Miller ; il croît également dans l'Amérique septentrionale où on en distingue deux espèces, celui-ci croît dans les sols rèches et humides et parvient à soixante pieds de haut, l'autre, appellé *Chêne à feuilles de Saule de montagne*, vient dans les terres maigres, ses glands sont petits et ont de larges coupes, ses feuilles sont moins longues et moins étroites que le précédent, qui est commun dans les parcs et jardins de l'Angleterre, où j'ai appris à le connoître : ces *Chênes* se greffent en approche sur le commun.

N°. 6. *CHÊNE de Virginie, toujours verd,* N°. 17. de Miller : il est connu en Amérique et en Angleterre sous le nom de *Chêne de vie de la Caroline,* en anglois *Carolina live Oak,* ses feuilles ne tombent point et se conservent vertes, pendant l'hiver, elles sont ovales, terminées en lance, entières, attachées à des pédicules, d'un verd obscur et d'une consistance épaisse, ses glands en sont minces, alongés et très-doux et le bois dur, grossier et raboteux; j'en ai vu de beaux en Angleterre dans quelques parcs, jardins et pépinières; il est originaire de la Caroline et de la Virginie où il s'élève à la hauteur de quarante pieds.

N°. 7. *CHÊNE de Ragnal,* en anglois, *Ragnal Oak* : ces espèces ou variétés, qu'on ne trouve point décrites, sont très-belles et croissent en Angleterre où on m'a dit, en

1771, que l'espèce originale de l'une croissoit dans la province de Nortingham et que
l'autre étoit venue, depuis peu, à Londres
d'Excester : l'un de ces *Chénes* porte des feuilles un peu ovales, terminées en pointe et
dentelées finement, dont la longeur est d'environ deux pouces et demi sur un de largeur, celles de l'autre sont découpées profondément
et terminées en pointe, finement dentelée ;
leur longueur est d'environ trois pouces, sur
plus d'un pouce de largeur : j'ai vus ces *Chénes* en Angleterre et en ai trouvé le feuillage très-beau. Ce sont peut-être les Nᵒˢ. 3
et 4 de Miller ; l'un, qui est le Nᵒ. 3, croît
sur les montagnes de l'Apennin, en Suabe et
en Portugal ; l'autre, qui est le Nᵒ. 4, se
rencontre dans plusieurs de nos provinces de
France : enfin ce sont de vrais *Chénes blancs*
toujours verds, et il est à remarquer que
ceux-ci différent des *Chénes verds*, en çe qu'ils
résistent aux gelées des pays septentrionaux,
et que les autres y succombent.

Nᵒ. 8. *CHÈNE noir d'Amérique*, en anglois *Black American Oak* : cette espèce de
Chéne croît naturellement dans les mauvais

terreins de quelques parties de l'Amérique septentrionale, ses feuilles sont belles et grandes, mais son bois est de peu de valeur, aussi l'arbre ne parvient-il jamais à une grande hauteur, peut-être s'élevroit-il davantage dans de bonnes terres, la couleur de son écorce est noire; c'est par cette raison qu'on lui a donné le nom de *Chêne noir.*

N°. 9. *CHÊNE à feuilles de Châtaignier,* en anglois *American Chestnut-leaved Oak,* N°. 9 de Miller et N°. 23 de du Hamel: ce *Chêne* croît aussi de lui-même dans l'Amérique septentrionale, où on le distingue sous deux espèces ou variétés différentes, mais dont la différence doit provenir du sol dans lequel ils seront crûs; l'un a les feuilles plus grandes, ainsi que les glands, et s'élève à une hauteur plus considérable dans les terres basses et fertiles, en un mot cet arbre est de service; il y en a dans les pépinières et platebandes angloises du parc d'Enghien. Ne seroit-ce pas le même qui se trouve en Chine et que les missionnaires de Pékin disent nourrir des vers à soie sauvages? Ses feuilles approchent de celles du *Chataignier*, et le gland en est très-gros.

Nº. 10. *CHÉNE de fer*, en anglois *Iron-Oak* : il est originaire du nord de l'Amérique, et sa qualification de *Chéne de fer* lui a été donnée à cause de la dureté et de la pesanteur de son bois, qui ne surnage point, même une menue branche, garnie de quelques feuilles, va au fond de l'eau, ainsi que j'en ai fait l'expérience chez Milord Pembrocke, à Wilton, près Salisbury, où il en existe un dans son parc de sept à huit pieds de tour. Ne seroit-ce point le même que les Chinois appellent *Tie-li-mu* ou bois de fer ? Le Journal économique du mois de juin 1770, rapporte qu'on en fait des ancres, parce qu'il ne nage point, qu'outre sa force et sa dureté, cet arbre est aussi haut que nos grands *Chénes*, et qu'il en diffère par la grosseur du tronc, par la couleur du bois qui est plus obscure, et sur-tout par son bois.

Nº. 11. *CHÈNE de Virginie* ou *de Maryland*, Nº. 8 de Miller, et que j'ai vu dans les pépinières autour de Londres, où la plupart lui donnent le nom de *Virginy champagn*

Oak : ce *Chêne* croît naturellement dans la Virginie et dans d'autres parties de l'Amérique septentrionale, où il passe pour un grand arbre de ces contrées, ses feuilles sont belles et longues de six pouces, sur deux et demi de large ; elles sont découpées en angles aigus, et se conservent dans toute leur fraîcheur, s'il ne survient de fortes gelées, jusques vers la fin de l'année, ou du moins fort avant dans l'automne. On en voit dans le parc d'Enghien.

N°. 12. *CHÊNE du Levant*, et que quelques-uns nomment aussi *Chêne de Turquie* : c'est une de plus belles espèces de *Chêne* connues, les feuilles en sont ovales, oblongues de trois pouces de long, d'un verd pâle, très-profondément découpées et les découpures retournent en-dessous : de tous les *Chênes* étrangers que le feu Duc d'Aremberg faisoit cultiver avec soin dans son parc d'Enghien, c'est celui qui vient le mieux et qui paroît donner le plus d'espérance.

N°. 13. *CHÈNE d'Algave*, en anglois, *Algava Oak* : les feuilles, de ce *Chêne* sont petites et très-découpées, il doit être le même que celui N°. 21. du catalogue de Mr. du Hamel : voyez son *Traité des arbres et arbustes*, art. *Quercus*.

N°. 14. *CHÈNE de la Floride*, en anglois *Florida Oak* : les feuilles en sont belles, lisses, entières et terminées en pointe; ne seroit-ce point le N°. 11. du *Traité* de Mr. du Hamel?

N°. 15. *CHÈNE de Lucombe*, en anglois *Lucombe Oak* : ce nouveau *Chène*, (dont nous sommes redevables de la connoissance et de la description au volume LXXII des Transactions philosophiques pour l'année 1772, et dont voici un précis tel qu'il en est question dans le 17ᵉ. article) est provenu d'un seul gland de plusieurs que Mr. Lucombe sema, il y a vingt-un ans, du *Chêne de fer* ou à *panneaux*, en anglois *Iron* ou *Wainscot-Oak*; cette espèce ou plutôt variété nouvelle fut découverte de cette manière et provignée par cet ingénieux cultivateur dans ses pépinières de St. Thomas, près d'Excester, dans le Dévonshiere, son feuillage est *evergreen*, c'est-à-dire *toujours vert*, sa tige droite, comme celle du *Sapin*; son bois est plus dur que celui du *Chéne* commun, sa sève ne monte qu'une fois l'année et néanmoins sa crue est si prompte et si vigoureuse, qu'en quatre ans il a seize pieds de haut, sur quatorze pouces de circonférence, et à sept ans vingt-un pieds de hauteur et vingt pouces de diamêtre, de manière qu'en trente ou quarante ans, cet arbre doit surpasser un *Chêne* ordinaire de cent ans, sa pésanteur spécifique est la même dans toutes ses parties que celle du *Chêne de fer*, connu en Angleterre et encore ignoré dans les ouvrages, qui traitent de la botanique : le feu Duc d'Aremberg en fit venir d'Excester quelques jeunes pieds, en mars 1774, qu'on planta dans les belles pépinières de son parc d'Enghien, ils étoient greffés en approche, nous leur trouvâmes les feuilles fort semblables à celles du *Chêne* connu dans ce pays sous le noms flamand et wallon de *Steen-Eycke* et de *Chène noir*, il n'a point paru, dans la suite, que leur crue eut confirmé le récit que je viens d'en faire, d'après ce qu'en ont dit les Transactions philosophiques, il est vrai qu'ils étoient greffés, et cette raison peut fort bien être la cause de quelques différences : enfin si tout ce qu'on a dit de ce *Chêne* n'est

point exagéré, il est certain que sa multiplication sera un bienfait public, mais malheu-
reusement, en Angleterre, les marchands d'a-
bres ou pépiniéristes ne sont pas plus qu'ailleurs
exempts de charlatanisme.

En terminant cette description j'observerai
que dans le grand nombre de *Chênes* connus
dans l'empire de la Chine, on en distingue
le *Chêne épineux*; le *Chêne mâle*, qui ne donne
que des fleurs; un autre *Chêne*, dont le gland
est très-gros et si huileux que les anciens les
piloient et en faisoient une espèce de torche.
Ne seroit-ce pas celui appellé *Ballote* par les
Arabes et découvert par Mr. Desfontaines,
dans son voyage en Barbarie, dont les fruits,
aussi doux que ceux du *Châtaignier*, sont la
nouriture d'un grand nombre des habitans de
l'Atlas et servent de plus à faire de l'huile?
C'est peut-être le N°. 14 de du Hamel.

Le *Chêne à feuilles longues et tendres* qui nou-
rit des vers à soie sauvages, dont la soie est
très-belle, très-forte et la plus estimée des
anciens pour les instrumens de musique.

Il est bon d'observer, que lorsqu'on veut
élever des *Chênes* en pépinière, pour en faire

des plantations, on doit faire germer les glands, dans le sable, pendant l'hiver; et au printems suivant on doit leur couper la radicule; cette opération faite, on les plante à la cheville, et les jeunes arbres qui en proviennent gagnent un bel empattement de racines, et à la plantation à demeure, on est sûr de la reprise.

Je ne veux point entrer dans tous les différens détails de la manière dont on s'y prend pour en former des bois, dans plusieurs de nos provinces, de celles de France et d'Angleterre, d'autant que plusieurs de ces méthodes sont connues et que les bornes de ce Manuel m'obligent à ne point m'étendre davantage. Cependant je crois faire plaisir en rapportant ce que le Comte de Buffon nous a appris par ses expériences et par celles d'autrui. Ces essais ont été faits en France, et tout a été calculé à la mesure de ce royaume, qu'on peut facilement réduire à celle de ce pays.

Sur un terrein débarrassé de souches et de vieux bois, mais couvert d'une jonchée de feuilles, de menus branchages et de brossailles,

sailles, on jette le gland tout au travers et
sans aucun autre apprêt que celui d'une pro-
-jection égale; l'humidité s'entretient sous ces
brossailles et développe tous les germes : la
tige perce, pendant que le pied s'enracine.
Ces brins se trouvent à quinze ans, aussi forts
que ceux qui ont coûté le plus d'argent et
de soins le sont à vingt-cinq.

Cette façon de faire venir le *Chêne* est
plus prompte plus immanquable et plus rus-
tique, et dès la dixième année, elle procure
à celui qui l'aura mise en usage, une première coupe, et lui fait lever, sur un seul arpent, huit a neuf cens ou même mille fagots;
après dix autres années, cet arpent lui fournira un tiers de plus; et si on laisse croître
ce bois, sans y toucher, pendant vingt ou
vingt-quatre ans, alors l'arpent rapportera
jusqu'à dix et douze cordes de bois avec un
millier de fagots, sans parler du bois blanc,
qui donnera des perches, des pannes et des
chevrons pour couvrir en paille. J'omets les
autres détails qui nous deviennent inutiles,
et j'observe que ce sont des pratiques, plus
ou moins approchantes de celle-ci et de cel-

les que rapporte Mr. du Hamel. dans son *Traité des semis et plantations*, qu'ont employé et emploient, dans leurs grands défrichemens, ces zélés patriotes, dont les grands travaux seront toujours avantageux à la population et au bien-être de l'Etat, sinon pour le présent, du moins pour l'avenir. Pour s'en convaincre, on ne sauroit mieux faire que de parcourir ces landes arides et incultes autrefois, dont les unes et les autres, situées entre Gand et Bruges et du côté d'Anvers, ont été changées en bois et en plaines cultivées.

Je ne puis oublier l'observation qu'a faite le Comte de Buffon sur les deux espèces, ou plutôt deux variétés de *Chênes*, remarquables et différentes l'une de l'autre à plusieurs égards, et qu'on trouve communément dans les bois. La première est le *Chêne à gros glands*, qui n'est qu'un à un ou tout au plus deux à deux sur la branche; l'écorce en est blanche et lisse, la feuille grande et large, le bois blanc, liant très-ferme et néanmoins très-aisé à fendre : l'*Eyken-boom* de la Flandre et du Brabant, en wallon *Chêne blanc*, paroît lui ressembler : la seconde espèce ou variété, dit Mr. de Buffon, porte ses glands en bouquets ou trochets comme les noisettes, de trois, quatre ou cinq ensemble, l'écorce de ce *Chêne* est plus brune et toujours gersée, le bois, aussi plus coloré, la feuille plus petite et l'accroissement plus lent : ce célèbre académicien a observé que dans tous les terreins peu profonds, dans toutes les terres maigres, on ne trouve que ces *Chênes*, que je soupçonne être le *Steen-eycken* ou *Vaer-eycken* des Flamands et le *Chêne noir* des Wallons, et qu'au contraire on ne voit guères que des *Chênes à gros glands* dans les très-bons terreins. » Je ne suis, dit-il, pas » assuré que cette variété soit constante et » se propage par la graine, mais j'ai reconnu, » après avoir semé plusieurs années une très- » grande quantité de ces glands, tantôt in- » distinctement et mêlés, et d'autrefois sé- » parés, qu'il ne m'est venu que des *Chênes* » *à petits glands* dans les mauvais terreins, » et qu'il n'y a que dans quelques endroits » de mes meilleures terres, où il se trouve » des *Chênes à gros glands*, dont le bois res- » semble si fort à celui du *Châtaignier*, par

» la texture et par la couleur, qu'on les a
» pris l'un pour l'autre ". Voyez ce que j'ai
rapporté à ce sujet, d'après le même auteur,
à l'article *Châtaignier*. Le Comte de Buffon
a comparé le bois de cette belle espèce de
Chêne au bois de celle *à petits glands*, dans
un grand nombre d'arbres du même âge et
depuis vingt-cinq ans jusqu'à cent ans et au-
dessus, et a reconnu qu'elle a constamment
plus de cœur et moins d'aubier que l'autre,
dans la proportion du double au simple, aussi
conclut-il qu'on ne peut assez en recommander la conservation et le repeuplement, ayant
sur l'espèce commune le plus grand avantage
d'un accroissement plus prompt, et dont le
bois est non-seulement plus plein, plus fort,
mais encore plus élastique : ne seroit-ce point
le même *Chêne* qui croît si bien à Everbode
et à Tongerloo, et que nous recherchons
tant dans ce pays-ci, où il varie du plus au
moins, selon les différentes qualités de terre
dans lesquelles on les sème.

Le *Chêne*, comme on sait, craint le voisinage des *Pins*, des *Sapins*, des *Hêtres* et
de tous les arbres qui poussent de grosses

racines dans la profondeur du sol, c'est pourquoi il faut éviter de planter ensemble les arbres qui tirent leur substance du fond en poussant leurs racines à une grande profondeur, et ceux qui tirent leur nourriture presque de la surface de la terre : il est ainsi certaines précautions à prendre, lorsqu'on est dans le cas de faire des plantations dans ses terres, qui ne manquent ou ne languissent quelquefois que par le peu d'attention qu'on y apporte.

Tout en finissant cet article, n'oublions point d'observer que les Chinois sont dans l'usage le plus ancien d'enter le *Chêne*, pour en avoir de plus gros glands, plus doux et en plus grande quantité ; et dans le recueil *San-kang-ki*, on y parle clairement de *Chênes* entés sur des *Châtaigniers* ; ce mélange peut fort bien produire certaine amélioration ; cet essai est d'ailleurs si facile et si peu dispendieux, que je suis persuadé que des amateurs le tenteront. Les Chinois font des entes bien plus singulières, qui cependant leur réussissent, et ils perfectionnent par les entes et par la culture, des arbres plus sauvages que le *Chêne*.

Il est essentiel aussi de faire connoître aux personnes qui l'ignorent, l'efficacité constatée des glands brûlés et réduits en poudre, comme les fèves de café, contre la phtisie, vomiques, oppression et maux de poitrine quelconques : on en fait une infusion, comme celle du café, qu'on prend le matin ou le soir, tant qu'on se trouve mieux ou guéri.

Les glands torréfiés peuvent donc être substitués au café, et le Professeur Hoffman, à Munster, est parvenu à en faire sentir tellement le mérite, que la plupart des gens de condition en font un usage habituel; aussi leurs qualités bienfaisantes, toniques et apéritives, dit Mr. le Docteur Burtin, ne peuvent être mises en parallele avec les qualités lentement délétères du café.

Chaque canton a pour ainsi dire sa méthode de cultiver le *Chêne*, et je ne vois guères, dans nos provinces belgiques, que la Flandre et quelques parties du Brabant, où l'on voit des plantations de cet arbre, aussi où cette pratique est en usage, il y a des pépinières, pour l'élever et le muliplier.

Etant à Bruges, en 1783, je fus voir les belles pépinières de l'abbaye des Dunes, dont l'Abbé actuel (Mr. Van Severen) est un vrai amateur d'agriculture. Il avoit fait couper le jeune plant de *Chêne* à quatre pouces de terre et chaque pied d'arbre étoit planté à trois pieds l'un de l'autre; la pépinière étoit tenue bien nette, et sur-tout sans chien-dent; une terre noire et légère y étoit employée de préférence, et c'est celle, en grande partie, des pépinières de la prédite abbaye.

Enfin, n'abandonnons point la culture du *Chêne*, la ressource des familles et de la postérité, et disons, avec le savant Abbé Rozier, qu'en plantant cet arbre, on jouit par anticipation, et qu'une pareille jouissance, pour l'homme qui pense et pour un vrai père de famille, est plus délicieuse que celle de possession, qui ne laisse rien à désirer.

CHÊNE-VERD ou *Yeuse*, en latin *Ilex*, en flamand *Steen-palmen*, en anglois *Evergreen-Oak*.

Cet arbre, tout-à-fait étranger à notre pays, y seroit fort utile si on pouvoit parvenir à l'élever en pleine terre ; mais les essais que quelques cultivateurs et moi avons faits jusqu'à présent, ne nous ont pas réussi : ces arbres tantôt gèlent jusqu'au pied, et repoussent une nouvelle tige pendant l'été, et tantôt ils gèlent et périssent entièrement, cependant ceux qui voudront élever ces arbres, doivent les serrer, lorsqu'ils sont jeunes, pendant l'hiver, dans une orangerie, et les accoutumer au plein air par gradations. J'en ai vu dans les terres de Mr. du Hamel, près de la forêt d'Orléans, qui y viennent assez bien, et qu'on éleva étant jeune avec les précautions dont je viens de parler. J'en ai vu aussi de fort grands en Angleterre, où j'ai appris que, pendant leur jeunesse, on les avoit couverts d'un panier pendant l'hiver.

Comme je désespérois d'acclimater cet arbre dans ma patrie, j'avois cru de le supprimer dans cette nouvelle édition, mais ayant réfléchi que par des semis répétés de proche en proche, on pourroit peut-être parvenir à l'y naturaliser, je me suis laissé entraîner par cet espoir, et j'ai voulu le faire connoître encore dans ce MANUEL, afin que les amateurs puissent tenter de pareils essais.

Les *Chênes-verds* viennent de semence, ainsi le nombre de leurs variétés est fort grand; j'en ai vu des bois entiers en Provence, en Languedoc, en Gascogne et en Saintonge, où ces arbres ont cependant peu d'élévation; elle augmente en avançant plus au midi; car en Espagne, en Corse, etc. cet arbre précieux parvient souvent à plus de quarante pieds, et en France, depuis l'hiver de 1709, on n'en a presque plus que des taillis.

Le *Kermès*, que j'ai vu aussi en Provence, est un petit *Chéne-verd* à feuilles très-piquantes, et qui porte les Kermès, qui sont de petites boules d'un beau rouge, grosses comme un pois et formées par des *galle-insectes*, qu'il ne faut pas confondre avec la cochenille; on peut les comparer aux punaises des *Orangers*; ils s'attachent aux petites branches de ce *Chéne*, N°. 16 de Miller, sur lesquelles on recueille le *Kermès* ou grain d'écarlatte, si utile pour les teintures.

En élevant ces arbres avec les précautions que je viens d'écrire plus haut, on pourra peut-être, dans la suite, hasarder à les planter, sinon en plein air, du moins dans les bosquets, où les autres arbres les abriteront; mais la naturalisation sera plus complette, si on parvient un jour à pouvoir l'établir d'après les principes et les essais si savamment proposés et discutés au mot *espèce* du *Dictionnaire d'agriculture* de Mr. l'Abbé Rozier.

CHÊVRE-FEUILLE, en latin *Capri-folium* ou *Lonicera*, en flamand *Kamperfoelie* ou *Geyten-bladt* ou *Memone-keno-kruyd*, en wallon *Vervinche*, en anglois *Honeysuckle*.

Le *Chêvre-feuille* des bois est commun dans nos bois et nos haies, sur-tout dans les endroits humides : on le multiplie aisément par marcottes, et même par boutures; il est très-propre à garnir les berceaux, tonnelles, etc. et ses fleurs répandent une odeur gracieuse.

Il y en a plusieurs espèces ou variétés qui ne sont pas naturelles à notre pays, qu'on cultive pour l'ornement des jardins et des bosquets, et qu'on multiplie très-aisément, sur-tout par rejets; les voici :

Le *CHÊVRE-FEUILLE d'Italie* est commun dans le midi de l'Europe, et vient aussi dans ce pays ; le sol et les positions où il croît le font varier singulièrement : il a une variété *à fleurs blanches*, qui est très-odorante, et une autre variété, qui en paroît une bien décidée, quoiqu'on la dise apportée de l'Amérique septentrionale, est le *Chèvre-feuille toujours verd* ; sa verdure est très-belle, ainsi que ses fleurs : c'est le N°. 8 de Miller.

Le *CHÈVRE-FEUILLE d'Allemagne* offre plusieurs variétés et porte des fleurs d'une odeur agréable : c'est le N°. 5 des *Periclymenum* de Miller.

Le *CHÈVRE-FEUILLE écarlatte* ou *de Virginie* est le *Periclymenum* N°. 1 de Miller : il y a des amateurs dans ce pays, et la plupart des marchands d'arbres sur-tout, qui l'appellent *Chèvre-feuille trompette* ; en Angleterre on lui donne aussi ce nom, *trumpet-Honeysuckle* ; il frappe les yeux par la belle couleur de ses fleurs, et mérite à tous égards d'être cultivé : il a deux variétés, l'une transportée de Virginie, et l'autre originaire de la Caroline, dont les feuilles sont d'un verd brillant par-dessus et d'un verd pâle en-dessous.

Le *DIERVILLA* ne craint point le froid,

et produit à la fin de mai, des grappes de fleurs assez jolies. On le multiplie comme le *Chévre-feuille.*

Le *SYMPHORICARPOS* est un arbuste qu'on multiplie aisément; il n'est point délicat : les Européens l'ont tiré de la Caroline et de la Virginie. Il fait un joli buisson dans les bosquets; il fleurit en septembre, et ses fruits sont mûrs en octobre.

Le *XYLOSTEON* est un arbre aussi aisé à multiplier que les précédens; il est assez joli vers la fin de Mai, lorsqu'il est chargé de ses fleurs blanches.

Je finis par observer que Mr. Linnæus n'a fait qu'un seul genre de tous ces arbrisseaux ou arbustes que je viens de décrire, et qu'il a nommé *Lonicera.* Mr. du Hamel avoue qu'ils se ressemblent beaucoup par les parties de la fructification; mais qu'il a cru néanmoins devoir conserver les différens noms sous lesquels ils sont connus; et moi j'ai cru que je ferois bien de les comprendre dans cet article, pour mieux les faire connoître aux amateurs.

CHIONANTHUS.

Ce joli arbrisseau, que les Anglois appellent *Snowdrop* ou *Fringe-tree*, vient d'Amérique : il y en a qui lui donnent aussi le nom d'*Amélanchier de Virginie* à feuilles de *Lauriercerise* et d'*Arbre de neige*; ses fleurs sont blanches et en grappes; elles paroissent en mai et en juin. Le *Chionanthus* semble alors être couvert de neige : cet arbrisseau s'élève rarement au-dessus de dix pieds, il réussit dans les terres légères, ombragées et humides, et ne craint le froid que lorsqu'il est très-jeune. On peut le multiplier par les marcottes, mais il vient mieux de graine semée en pleine terre à l'arbri du midi. Mes amis et moi nous avons observé la même chose, il est vrai qu'elle est deux ou trois ans à lever, c'est pourquoi il y en a qui le greffent sur le *Frêne*, sur lequel il réussit; cependant le Comte de Respani, qui a chez lui un fort beau *Chionanthus*, venu de graine et qui porte des fleurs tous les ans, a observé que tous ceux greffés sur *Frêne* ne supportoient tout au plus qu'un ou deux hivers : ce bel arbrisseau à deux variétés, l'une *à grandes* et l'autre *à feuilles ordinaires* ; il croît, dit Miller, dans le midi de la Caroline, et est commun en Angleterre dans les jardins des curieux : on en tire le même parti dans ce pays, où il décore très-bien les bosquets d'agrément.

COIGNASSIER, en latin *Cydonia*, en flamand *Quee-boom*, en wallon *Poire de coin*, en anglois *Quince-tree*.

Les *Coignassiers* ne se trouvent point dans les bois, ils sont venus, du moins en France, des environs du Danube. Les Romains le nommèrent *Cydonia*, parce qu'ils le trouvèrent aux environs de la ville de Cydon, dans l'île de Crète, aujourd'hui Candie ; ils l'apportèrent à Rome du tems de Galien ; ils durent faire grand cas de son fruit, puisque Palladius dit qu'ils donnoient beaucoup de soins à sa culture : on cultive cet arbre dans les potagers, pépinières, etc. sans y mettre beaucoup de soins, et on l'emploie aussi pour recevoir la greffe des *Poiriers* destinés pour

les espaliers, contr'espaliers et petits buissons;
on doit choisir celui à feuilles étroites, *Cydonia angusti-folia vulgaris*. Il n'excède point
la grandeur d'un arbrisseau, et est très-propre
pour cet usage; mais les espèces de *Poiriers*, dit le Baron de Tschoudi, dont la sève
impétueuse ne peut sympatiser avec la lenteur
de plusieurs *Coignassiers*, réussiront mieux sur
le *Coignassier de Portugal, Cydonia lusitanica*, qui est la meilleure de toutes les espèces et le plus grand.

A proprement parler, le *Coignassier* n'a
que deux espèces jardinières, celle *à fruit
rond* ou *coin pomme*, et celle *à fruit alongé*
ou *coin-poire* : le premier est le N°. 2 de
Miller, en anglois *Apple-quince*, et le second (N°. 1) en anglois *Pear-quince*.

Quoiqu'il soit vrai que les *Poiriers* greffés
sur *Coignassier*, donnent du fruit plus promptement, et souvent plus beau qu'étant greffés
sur sauvageon, plusieurs amateurs cependant
ne l'appliquent guères à cet usage, à cause
que les arbres en durent moins, et que tous
les *Poiriers* ne s'accommodent pas également
du *Coignassier*, qui ne convient guères qu'aux

poires fondantes, et ne réussit parfaitement
que dans les terres fraîches : d'autres espèces
ne peuvent subsister de sa sève : les poires
d'hiver, sujettes à se crévasser, y font peu
de progrès, et quelques bergamottes s'y refusent entièrement. Le *beurré* et la *virgou-
leuse* y reprennent très-aisément. » C'est sur
» le bois provenu de ces greffes (dit le Baron
» de Tschoudi, d'où j'ai extrait ce que je viens
» de rapporter) qu'on placera les écussons
» de ces *Poiriers* insociables, et par cette in-
» dication, on les reconciliera avec le *Coi-
» gnassier* ".

Les *Coignassiers* se multiplient aisément
par marcottes et par boutures, et aiment les
bords des eaux et les terres humides ; mais
lorsqu'ils se trouvent sur des tertres dans des
rocailles, à une exposition du levant au midi,
les coins en sont plus aromatiques.

On n'ignore guères l'usage qu'on fait des
fruits du *Coignassier*, en compotes, en mar-
melades, ect. En général ils sont astringens,
propres à fortifier l'estomac, et arrêter les
diarrhées.

Je termine cet article par rapporter le fait
suivant,

suivant, tiré mot à mot des auteurs des mémoires concernant l'histoire, les sciences, les arts, les mœurs, etc. des Chinois : il est trop important par les essais qu'il pourra faire tenter, pour ne point être mis sous les yeux des amateurs. » Les Chinois, disent ces au-

» teurs, greffent le *Coignassier* sur l'*Oranger*,
» ce qui leur donne un fruit oblong, de la
» grosseur d'un petit melon, dont la couleur,
» la chair, les pépins, l'odeur, le goût et
» l'eau participent des deux espèces. Il suffit
» que les curieux en soient avertis, pour qu'ils
» en fassent eux-mêmes l'essai, s'ils le jugent
» à propos. Nous n'avons parlé des oranges-
» coins qu'afin de conduire les amateurs à
» des tentatives qui peuvent augmenter nos
» richesses en fruits de toute espèce : car dès
» que le *Coignassier* peut-être enté sur l'*O-*
» *ranger*, il en est de même du *Poirier* et du
» *Prunier*. Si les pépins sont une indication
» décisive d'un seul et même genre (ce
» qu'on ne nie plus) les noyaux le sont
» d'un second genre; et en allant ainsi de
» genre en genre, on pourra essayer d'enter
» le *Châtaignier* sur le *Chéne*, le *Chéne* sur le

Tome I.   S

» *Hêtre*, etc. c'est le vrai moyen de nous
» enrichir avec nos propres richesses. L'exem-
» ple et les succès de la Chine nous paroissent
» décisifs; d'ailleurs cette méthode est plus
» facile, plus prompte et plus sûre que la
» naturalisation des plantes étrangères, la-
» quelle cependant a son utilité, et qu'il est
» bon de conserver ".

Il y a aussi en Chine une espèce de *Coignassier*, qui l'est purement, et qui donne
des fruits aussi gros, et même plus gros que
l'*Orange-coin*; les missionnaires, auteurs des
mémoires d'où j'ai extrait tout ceci, disent
d'en avoir vu une grande quantité, ce qui
prouve que ces *Coignassiers* ne sont pas rares; cet arbre aussi, à cause de la grosseur
de ses fruits, se nomme en chinois *mou-koua*,
qui veut dire l'*Arbre à citrouilles* : les Chinois
cultivent encore une autre espèce de *Coignassier*, qu'ils ont tellement adouci par la culture, qu'elle a perdu son âprété, et qu'on en
mange les coins comme les pommes et les
poires.

CORMIER ou *Sorbier*, en latin *Sorbus sylvestris* (N°. 8 de du Hamel) en flamand *Sorben-boom*, en anglois *Service-tree*.

Cet arbre a plusieurs variétés, qui ne sont occasionnées que par la différence des climats ou des terreins, et qui méritent qu'on les cultive. On distingue les *Cormiers* des *Sorbiers*, en ce que les fruits des premiers sont semblables à des petites poires, et que ceux des seconds sont rassemblés par bouquets et d'un beau rouge.

Le *Cormier* n'est guères connu, et peut-être ne l'est-il point dans nos bois; il se trouve cependant dans ceux de Chimay et dans la Fagne, puisqu'on en a envoyé de ces endroits-là au feu Duc d'Aremberg : cet arbre est assez commun en France; en voici une courte description, pour mettre ceux qui en trouveront dans les bois à même de le connoître.

Cet arbre a le tronc assez droit et couvert d'une écorce rude et brune; il soutient bien ses branches et les ramasse ordinairement vers

la tige; sa tête forme une pyramide très-
garnie de feuilles, dont plusieurs paroissent
d'un verd argenté, ses feuilles sont composées d'un nombre de folioles longues et pointues, verdâtres en-dessus, banchâtres en-dessous, dentelées assez profondément par les
bords et rangées par paires sur une nervure
commune, terminée par une foliole unique;
ces feuilles sont placées alternativement sur
les branches, et l'on apperçoit des stipules à
leur insertion. Le *Cormier* diffère du *Correttier*, qui est une espèce distincte, très-commune dans nos bois, et à laquelle je renvoie
le lecteur, en ce que ses fleurs ne sont point
par bouquets, et son fruit, de la grosseur
d'une prune, est semblable à une petite poire,
dans laquelle il y a trois loges, contenant
chacune un pépin; il est verd et rouge par
dessus, son bois est très-dur et très-recherché.

Le *Cormier* culivé, *Sorbus sativa*, croît naturellement dans le midi de la France, en
Italie et dans les provinces septentrionales,
ainsi qu'en Angleterre. J'en ai vu dans les
jardins où on les cultivoit à cause de leurs
fruits, tantôt rouges et gros, faits plus ou

moins exactement en poire, tantôt d'un rouge pâle : ceux qui sont d'un beau rouge ont une saveur plus agréable que les autres.

Enfin le goût qui se répand de plus en plus pour la multiplication des arbres utiles et agréables, ne perdra sûrement point de vue le *Cormier*, qui est un bel arbre de forêt, et quoique sa crue soit fort lente et que ce ne soit guères qu'après trente ans de plantation qu'il produise son premier fruit ; un propriétaire ne doit point le négliger, on peut aussi élever en pépinière le jeune plant qu'on fera tirer des bois, où il vient naturellement, pour greffer dessus les espèces rares, que voici d'après Mr. du Hamel :

Le *CORMIER cultivé à gros fruits rouges* et figuré en poire.

Le *CORMIER cultivé à gros fruits rouges pâles*, qui approche de la figure d'une poire.

Le *CORMIER cultivé, dont le fruit est rouge d'un côté* et qui a la forme d'une poire.

Le *CORMIER cultivé dont le fruit est ovale et en partie rouge.*

Le *CORMIER cultivé à petit fruit rougeâtre, tardif & pyriforme.*

Le *CORMIER cultivé à très-petit fruit, etc.*

Les *Cormiers* sont propres à décorer les bosquets du printems, à garnir de petites allées, à border des pâtures, etc. Ces arbres ne sont nullement difficiles à être transplantés ; on m'en montra, étant en Bourgogne, dans les terres de Mr. de Buffon, qui l'avoient été, ayant plus d'un pied de tour, sur au moins vingt-cinq de hauteur : les fruits des *Cormiers* cultivés, qu'on appelle *cormes*, doivent être cueillis en automne et étendus sur la paille pour mûrir, ils deviennent alors préférables aux neffles ; en un mot les cormes sont astringentes, mais avant d'être mûres on les emploie dansla médecine, et sur-tout pour arrêter les diarrhées ; on en retire aussi un cidre, même plus fort que celui des pommes, et connu sous le nom de *cormé*, dans les endroits où ces arbres sont abondans.

CORNOUILLER, en latin *Cornus*, en flamand *Cornoelie-boom*, en wallon *Cornailly*, en anglois *Cornelian-cherry*.

Le *Cornouiller* est un arbrisseau forestier de la première grandeur, il vient lentement et rarement gros; il croît dans toutes sortes de terreins, et se multiplie de semence et par marcottes; on en fait des haies, des tonnelles et des palissades : en un mot ce grand arbrisseau et ses variétés figurent très-bien dans les bosquets d'été; je suis même surpris de ne point le voir plus commun; ses fleurs, très-petites à la vérité, s'épanouissent dès les mois de février ou de mars en si prodigieuse quantité, que les arbres en paroissent tout jaunes : ses fruits, étant mûrs, ont la forme de petites olives, d'un fort beau rouge, ont le goût de l'*Epine-vinette*, et viennent par petits bouquets; son feuillage est d'un beau vérd et n'est jamais attaqué par les insectes.

Cet arbrisseau croît naturellement dans les bois, cependant il n'est pas commun dans la plupart de ceux que j'ai vus et parcourus dans ce pays-ci, il a le bois blanc et très-dur. Ce *Cornouiller* souffre l'ombre des autres arbres et prend telle figure qu'on veut lui donner, sans que cela nuise à son fruit.

Le *CORNOUILLER femelle* ou *sanguin*, en latin *Cornus fœminea* ou *sanguinea*, ainsi nommé de la couleur de son écorce, offre plusieurs variétés et est plus commun et plus répandu dans nos bois que le précédent. La variété *à feuilles panachées* est fort belle et se multiplie par marcottes; le *sanguin d'Amérique* a les feuilles très-blanches en-dessous. Il mérite d'être cultivé à cause de l'usage qu'on en peut faire pour en tresser de forts paniers; lorsqu'on le destine pour cette usage, on doit le couper jusqu'à terre chaque année; il croît en Amérique dans un sol humide, rèche et léger.

Les *Cornouillers* précédens et les autres varietétés qui vont suivre, se répandent et se cultivent déja dans la plupart des jardins et bosquets de ce pays.

Le *CORNOUILLER ordinaire cultivé, Cornus hortensis mas*, N°. 2 de du Hamel, et de Miller, en anglois *Male Cornel* ou *Cornelian Cherry-tree*, doit être une variété du *Cornouiller* des bois, *Cornus Silvestris mas*, ou le même amélioré par la culture, cet arbre s'élève à dix-huit ou vingt pieds de hauteur et forme une tête considérable, ses fruits, qu'on nomme *cornouilles*, deviennent d'un beau rouge en mûrissant et ne sont mangéables qu'en septembre, leur goût est styptique et acide, lorsqu'ils sont encore verds, on les confit au vinaigre ou au sel, tout comme les olives, pour être mangés avec d'autres mets, ainsi préparés ils ont un très-bon goût, fortifient l'estomac et excitent l'appétit : ce *Cornouiller* est le plus estimé, quoiqu'il y en ait dont le fruit est blanc, jaune et à gros fruit rouge qu'on peut tirer des pépinières autour de Londres et de quelques-unes de France, mais celui que je viens de rapporter, doit être préféré.

Le *CORNOUILLER mâle de Virginie*, Nº. 3 de Miller et Nº. 6 de du Hamel, se trouve dans la Caroline, la Virginie et le Mariland, et croît sur tous les sols, il est d'un bel ornement pour les bosquets et les jardins, quand il est en fleurs, les feuilles qui accompagnent le fruit sont très-grandes et figurées comme un cœur renversé, son bois est rouge en hiver, et avec son écorce on à guéri des fièvres intermittentes en Amérique, où ce *Cornouiller* s'élève, dit-on, de vingt à trente pieds : il y a des marchands d'arbres qui le vendent sous le nom en latin de *Cornus venusta*.

Le **CORNOUILLER** *du nord de l'Amérique* ou *l'Amomum* de la nouvelle Angleterre N°. 5 de Miller, s'élève à la hauteur de sept à huit pieds, ses feuilles sont larges, et très-grandes, il mérite d'être cultivé, il décore les bosquets du printems par ses bouquets de fleurs blanches, et ceux d'automne par ses baies bleues ou rouges, celui qui les a rouges doit en être une variété d'après ce qu'en dit Catesby : on le trouvera dans les pépinières autour de Londres, où je l'ai vu très-commun et où il est connu sous le nom anglois de *Dogwood de Virginie*.

Le **CORNOUILLER** *nain de Canada*, N°. 12 de du Hamel, en latin *Cornus herbacea ramis nullis*, n'est presque qu'une herbe, ses feuilles et ses fleurs sont plus grandes que celles des autres espèces, il existe à Malines, m'a dit le Comte de Respani, dans le jardin de Mr. le Conseiller de Laing, amateur distingué, et dont la collection d'arbrisseaux et d'arbustes, quoique petite, est infiniment précieuse.

Enfin, outre ceux que je viens de décrire, on trouve encore

Le *CORNOUILLER du levant à fruit cylindrique*.

Le *CORNOUILLER à feuilles de Citronnier*, ect.

Il ne sera point déplacé de terminer cet article par l'annonce d'une huile que Mr. Casagrande, Médecin au mont St. Vito d'Amode, a extraite des baies du *Cornouiller sanguin*, qu'il prétend même suppléer à l'huile d'olive, le savon qu'il en a fait faire, a fort bien réussi ; en attendant qu'il parvienne à rendre cette huile mangeable, ainsi qu'il promet, on peut l'employer à brûler, elle est bonne à cet usage et l'odeur est aromatique ; Zwinger, célèbre Médecin suisse, et Gaspar Bauhin ont déja dit que cette huile etoit propre à brûler.

CYRÈS en latin *Cupressus*, en flamand *Cypresse-boom*, en anglois *Cypress-tree*.

Cet arbre étranger mérite d'être naturalisé dans les pays où il n'est pas connu. Les Anglois ont été les premiers peuples du nord de l'Europe, qui ont essayé à en planter, aussi en ai-je vu de très-beaux dans plusieurs parcs, où cependant ils se trouvent, plutôt pour orner quelques ruines ou églises gothiques, que pour en tirer quelqu'utilité par la suite. La grande allée de la maison du Lord Burlington, à Chiswic, qui fait le premier point de vue, est plantée en *Cyprès* mêlés d'urnes et de monumens funéraires à l'antique, et inspire, en la voyant, de la tristesse et de la mélancolie; j'en ai vu quelques-uns à Weydbridge, dans le parc de Mad. la Douairiere de Soutchot, âgés de vingt ans et très-beaux.

Les deux *Cyprès* suivans sont ceux que j'ai trouvés les plus communs en Angleterre.

CYPRÈS pyramidal, N°. 1 de Miller, en anglois *upright-Cypress*, en latin *Cupressus fastigiata*.

CYPRÈS à branches horisontales, N°. 2 de Miller, en anglois *spreading Cypress*, en latin *Cupressus expansa*: j'ai appris, en 1778, de feu le Baron de Tschoudi, avec lequel j'étois lié, que ce *Cyprès* réussisoit mieux et étoit moins endommagé par les froids de nos climats septentrionaux que le précédent ; Miller le dit aussi être bien plus dur, en avouant même que ses graines mûrissent en Angleterre, tandis que celles de l'autre n'y mûrissent pas, malgré cette différence, des expériences reitérées, lui ayant fait connoître que la graine de chacun produisoit toujours les deux, il ne les envisagea que comme n'étant qu'une seule espèce : Mr. de Tschoudi raisonne autrement et trouve, avec raison, qu'il est assez singulier que la même graine donne deux arbres d'une constitution si différente : ne voilà-t-il point des preuves de réussite assez fortes pour engager les vrais amateurs à élever un arbre, dont, à l'agrément de sa verdure continuelle, se joint la salubrité des exhalaisons balsamiques qu'il répand au printems, et l'utilité de son bois, qui, comme celui des *Cèdres* et des *Thuyas*, est presqu'incorruptible. Mr. Gouan

m'a mandé de Montpellier (en 1779) » qu'on
» voit des maisons très-anciennes, dont la char=
» pente est faite avec ce bois, qui est très-dur et
» très-pesant ; qu'à la campagne d'un de ses amis
» il y a quelques grands *Cyprès*, qui ont plus
» de cent quatre-vingts ans ; que nos anciens
» croyoient que c'étoit le *Mélèse* ; qu'en un
» mot son bois fait de très-bonnes pièces pour
» la charpenterie, menuiserie, etc. " On doit
semer la graine de *Cyprès* à la fin de mai ou
dans le mois de juin, à un demi-pouce ou à
quatre lignes de profondeur, dans une terre
fort légère, qu'on fera bien de recouvrir de
bois pourri tamisé ou de terre noire de
bruyère ; on doit la tenir fraîche et non hu=
mide, on fera ce semis à l'ombre ; il reste ordi=
nairement six semaines ou deux mois à le=
ver ; on en transplante les jeunes pieds au
printems suivant, ayant grand soin de leur
conserver les racines fraîches et bien entières.

On a voulu aussi essayer, dans le nord de
la France, à élever les *Cyprès* en pleine terre,
mais ces essais n'ont point entièrement ré=
pondu à l'idée qu'on s'en étoit faite. Mr. du
Hamel m'a dit d'en avoir perdu de très=

grands, quoîqu'étant chez lui à Denainvilliers, il m'en ait montré de très-beaux dans un bosquet d'hiver, où ils étoient abrités par d'autres arbres toujours verds (*).

Le Comte de Respani en a depuis 1775, tant à sa terre de Betecom, près d'Aerschor, que dans son jardin à Malines, qui ont résisté aux hivers derniers; il est vrai que le froid rigoureux et long de 1784 lui en a détruit, mais il en a plus conservé que perdu, non-seulement des *Cyprès horisontaux*, mais aussi des *pyramidaux*, et un des premiers est même très-chargé de petits cônes, ce printems 1786; mais le froid extraordinaire de ce printems l'a détruit entièrement.

L'Angleterre a plus d'avantages et de succès dans la culture des arbres exotiques; elle les doit à la mer, qui lui donne l'heureuse température dont elle jouit, au point même

---

(*) Je prie le lecteur de lire l'intéressant mémoire de Mr. Fougeroux de Bondaroy sur les *Cyprès*, inséré dans les Mémoires de la société d'agriculture de Paris. On y verra, entre autres savantes observations, que le *Cupressus expansa* est le plus précieux à cultiver et à acclimater dans nos climats septentrionaux.

qu'on m'en montra en pleine terre, qui, en France et en Italie même, ne peuvent soutenir le plein air.

Je ne devrois point citer la Provence et e Languedoc, où j'en ai vu de très-beaux en pleine terre, d'autant que le climat du midi de la France leur est propre, quoiqu'on en trouve cependant pour l'ornement et la décoration de quelques maisons de campagne; ce qui m'a étonné, n'ignorant pas pas l'utilité et la ressource qu'on peut retirer de ces arbres précieux, qui, dans l'Archipel, sont d'un si grand prix, que dans l'île de Candie, on appelle *dos filiæ* les plantations de ces arbres, parce que les pères les donnent pour dot à leur filles.

Quant aux essais que j'en ai faits, dans ce pays, les voici exactement. J'en semai en 1766, au mois d'avril, dans une caisse, la graine leva si épais, que la caisse ressembloit à une brosse verte; je la fis serrer pendant l'hiver, et au printems suivant, je les fis transplanter en pleine terre, et au mois de septembre je les trouvai hauts de cinq, six et sept pouces. Pendant l'hiver, on mit sur leurs racines

tines une couche de feuilles mortes, de l'é-
paisseur de six pouces, malgré cette précaution, ils gelèrent jusqu'au pied, par la gelée
du 5 janvier 1768, qui a été de douze dégrés
et demi au thermomêtre de Réaumur à
l'esprit de vin et de trois dégrés au-dessus
de zéro au thermomêtre de Fahrenheit : au
printems ils repousèrent, et me donnèrent
avant l'hiver une tige d'un pied et demi;
dans la crainte de les perdre encore, je les
fis couvrir entièrement avec de la litière, et
il ne leur arriva rien; mais, à la vérité, l'hiver de 1769 ne fut point froid; dans celui
de 1770 ils furent couverts de même, et ne
perdirent que quelques branches, et quelques-
uns les bouts de leurs flêches, malgré toutes
ces précautions, la gelée du 13 janvier 1771
me les enleva entièrement et sans ressource,
le dégré de froid ayant été de neuf dégrés et
demi, selon la division de Reaumur et à
l'esprit de vin, et de neuf dégrés au-dessus de
zéro au thermomêtre de Fahrenheit.

CYPRÈS de la Louisiane ou *de Virginie
à feuilles d'Acacia* qui se dépouille l'hiver,
en anglois *Bald* ou *deciduous Cypress*, en

Tome I.   T

latin *Cupressus disticha*; N°. 4 de Miller : cet arbre résineux croît dans les terres les plus basses et les plus humides du même pays où se trouve le *Cyprès de Mariland*, dont je vais parler, enfin il croît le pied dans l'eau, dit le P. Charlevoix et en dernier lieu Mr. de St. Pierre, dans ses *Etudes de la nature*, principalement sur les bords du Méchassipi ou Mississipi, dont il borde magnifiquement les vastes rivages. Il est plus que suffisamment constaté que cette espèce s'accommode très-bien du climat de la France, Mr. Thouin a déja l'expérience qu'il réussit parfaitement dans les tourbières submergées pendant l'hiver (*), il en est de même de celui d'Angleterre, et ceux qui y sont plantés, depuis long-tems, le prouvent par la vigueur avec laquelle ils

____

(*) Ce *Cyprès* doit avoir ses racines dans l'eau ; ceux que fit planter au Monceau feu Mr. du Hamel, sont le long d'une petite rivière : Mr. de Malesherbes a réussi de même en les plantant dans de pareils terreins ; ses *Cyprès* ont trente ou trente-deux ans, à peu près de la date de ceux du Monceau. Voyez l'intéressant *Mémoire sur les Cyprès*, par Mr. Fongerou de Bondaroy, aussi curieux qu'instructif sur l'histoire des *Cyprès*.

y sont crûs. J'en ai vu de très-beaux, et je désire qu'on en fasse des essais dans ce pays; car » ne seroit-il point intéressant, dit Mr. de » Tschoudy, qu'il y eût une espèce de *Cy-* » *près* qui pût croître dans les marais, où » peu d'arbres, sur-tout de la classe des ré- » sineux, peuvent subsister ? "

Le Comte de Respani en cultive deux de- puis trois ans; leurs progrès ne sont pas bien extraordinaires, mais ils sont sains et pous- sent avec assez de vigueur : j'en ai vu de beaux en Angleterre, qui produisoient déja de la graine; le moyen le plus sûr pour par- venir à l'acclimater dans nos provinces bel- giques est celui des semis; on peut aussi le provigner de marcottes et de boutures faites au printems.

Enfin, cet arbre parvient en Amérique à la hauteur de soixante-dix à quatre-vingts pieds, et sa grosseur est proportionnée.

Le *CYPRÈS de Mariland à feuilles de Thuya*, en latin *Cupressus thuyoïdes*, N°. 5 de Miller, appellé par quelques-uns très-im- proprement *nain*, et par d'autres *Cèdre blanc de Virginie*, parce que ses baies ressemblent

T 2

à celles du *Genevrier*, et qu'elles sont de couléur bleue, est extrêmement répandu et cultivé en Angleterre, où il supporte les gelées des provinces les plus froides, je m'en suis assuré en parcourant les plus belles parties de ce royaume; ce *Cyprès* croît naturellement dans le nord de l'Amérique, surtout dans le marais appellé *Diomalswamp*, situé près de l'embouchure de la Délaware, à la droite du fleuve, en partie dans le petit état de la Délaware et en partie dans le Mariland, à environ douze milles de la mer. Mr. John Jones, auteur d'un mémoire sur ce marais et habitant de ses environs, en a vu de cent pieds de longueur, sur seize de tour à six pieds des racines; il répète que c'est un arbre toujours verd, qui vient vîte, et ordinairement à la hauteur de soixante pieds, dans un sol marécageux, sur un fond de sable; les habitans de ces contrées le font servir comme bois de charpente, à grand nombre d'usages, et son bois a été employé à la construction des maisons de la ville de Philadelphie, dont l'emplacement étoit couvert autrefois de cette espèce de *Cyprès*, qui est d'un port régulier et d'une constitution plus robuste que les autres, c'est pourquoi il réussira indubitablement dans notre climat, malgré les grands froids qu'on y essuie dans les hivers extraordinaires.

On peut le multiplier de boûture et par marcottes, il préfère les terres substantielles et humides, il a les feuilles à-peu-près semblables à celles du *Thuya*, il ne les perd point pendant l'hiver, en un mot cet arbre pourra, avec quelques soins, que je vais détailler, aisément se naturaliser et devenir commun dans notre climat; ils consistent à semer au printems la graine, qui ne lève que la seconde année dans des pots ou caisses exposés à un demi-soleil, qu'on place pendant l'hiver contre un mur dans un lieu plus chaud et plus sec, et au printems suivant sur une couche tempérée, faite un peu à l'ombre, où on les laisse une année avec la précaution de les garantir des fortes gelées, leur exposition doit être celle du levant pendant l'été, et celle du midi pendant l'hiver qui suit; si la première culture de cette espèce de *Cyprès* est pénible, la vigueur, qui en résulte, n'est pas à comparer aux autres espèces ou variétés; ces arbres cependant ne viennent point dans les terres arides et reprennent difficilement à la transplantation, lorsqu'ils sont un peu forts, au lieu qu'étant transplantés jeunes, ils croissent sur toutes sortes de terreins : les amateurs qui voudront en avoir, doivent les tirer des pépinières autour de Londres ou de celles de Hollande; en voici le nom anglois d'après Miller, *Dwarf Maryland Cypress.*

Je ne parle point du *Cyprès de Portugal* N°. 3 de Miller, ni du *Cyprès d'Afrique* ou du *Cap de bonne Espérance* N°. 6 du même auteur, parce qu'ils sont trop délicats pour résister aux froids et aux vicissitudes du climat des Pays-Bas; je serois fâché de tromper mes compatriotes, je ne cherche, au contraire, qu'à leur faire connoître les arbres utiles et agréables, d'autant que le bon goût est de réunir les uns et les autres.

CYTISE, *faux Ebénier* ou *Ebénier des Alpes*, en latin *Cytisus*, en flamand *Ebene-hout*, en wallon *bois d'Ebène*, en anglois *Base-tree trefoil*.

Cet arbre croît naturellement dans les Alpes, dans les montagnes du Dauphiné et du Bugey : Miller dit qu'on en trouve de très-beaux en Ecosse. Il est connu dans ce pays, mais jusqu'à présent on ne l'a employé simplement qu'en arbre de décoration et pour l'ornement des jardins et des parcs. Il est très-vrai qu'il est de ressource pour ces usages, et forme un coup d'œil agréable, par ses grandes grappes de fleurs jaunes; mais on peut l'employer plus utilement, d'autant que cette espèce d'arbre n'est point délicate et vient dans des terres assez mauvaises. Cependant un terrein sec et léger lui convient mieux : le bois en est dur, prend fort bien le poli et est très-liant. On m'a assuré, en France, qu'on en faisoit d'excellens brancards de chaise : on emploie cet arbre en palissades, berceaux, etc. mais lorsqu'on en veut tirer

T 4

quelque parti, on doit l'élever en taillis et en massifs ; enfin, Mr. du Hamel m'a dit qu'on le faisoit servir à différens ouvrages, et Mr. Miller m'a assuré, en 1771, qu'il en avoit vu des vieux en Angleterre qui avoient plus de quatre pieds de tour à six pieds au-dessus des racines, et que cet arbre parvenoit à la consistance de bois de charpente, sur-tout dans les montagnes froides, d'où il est originaire.

C'est en Angleterre que j'ai vu les plus grands et les plus gros, et où j'ai remarqué qu'ils se couvrent de mousse, comme dans ce pays-ci, lorsqu'ils sont plantés dans une terre forte, froide et humide.

Ce *Cytise des Alpes* est le plus beau des quatre *Cytises des Alpes* connus ; c'est le *Laburnum* de Linnæus, et en Angleterre on le connoît communément sous ce nom, dit Miller : on l'appelle aussi *Ebénier des Alpes*, à cause que son bois ressemble beaucoup au bois des îles, qui est l'*Ebène verte* ; il se multiplie, comme les autres, de semences, par marcottes et même par boutures ; j'en ai semé qui, en trois ou quatre ans, portoient sept à huit pieds de haut, sur un pouce au moins de diamètre. Lorsqu'on en fait des semis, il faut les faire à l'abri du lièvre et du lapin; car ces animaux s'en repaissent volontiers, sur-tout dans les tems de neige. J'en ai eu l'expérience, il y a quelques années; cet arbre a la feuille plus large que celle des autres, et est en général d'un port plus considérable : des expériences, faites à Malesherbes, et rapportées par Mr. Thouin, savant botaniste de l'Académie des sciences de Paris, prouvent le parti avantageux qu'on peut retirer de cet arbre dans les terreins qu'on avoit même regardé comme stériles; c'est en cet endroit où, sur un terrein d'environ sept arpens, on voit de jeunes *Cytises des Alpes* prospérer à vue d'œil, où diverses expériences ont appris que leurs tiges sont aussi propres que celles du *Châtaignier* à faire des cerceaux, lorsqu'elles ont acquis quatre à cinq pouces de tour, ce qui arrive vers la huitième année, suivant la qualité plus ou moins bonne du terrein : j'ai répété cette expérience en petit avec succès.

Je termine cet article par une petite description des *Cytises*, qui peuvent supporter le froid de notre climat, parce que la plupart sont de jolis arbrisseaux ou arbustes, propres à orner, sur-tout au printems, les bosquets ou plates bandes relevées dans le goût anglois, par la prodigieuse quantité de leurs fleurs jaunes.

N°. 1. *CYTISE des Alpes* à feuilles étroites : il porte ses grappes de fleurs plus longues et en plus grand nombre que celui à larges feuilles ; il fleurit en mai, ainsi que les deux autres *Cytises des Alpes*, dont l'un est en grappes pendantes et à feuilles panachées et l'autre en grappes courtes.

N°. 2. *CYTISE à feuilles lisses*, arondies et soutenues par des queues fort courtes, ou *Trifolium* des jardiniers : sa hauteur est de sept à huit pieds ; il fleurit en juin, et ses fleurs, d'un jaune brillant, forment des épis courts.

N°. 3. *CYTISE vélu* : ses fleurs sont jaunes et pourprées.

N°. 4. *CYTISE de Montpellier* : il s'élève à huit pieds et fleurit en mai.

N°. 5. *CYTISE de Sibérie* : il fleurit dès le mois d'avril ; ses fleurs sont d'un beau jeaune et en bouquets.

N°. 6. *CYTISE de Tartarie* : il a l'écorce verte, ses fleurs, qui s'épanouissent en mai, sont d'un jaune brillant.

=====

EPINE-NOIRE, en latin *Prunus sylvestris*, en flamand *Slekedoren*, *Sleedoorn*, *Sleepruyem* ou *wilden Pruymboom*, en wallon *Noir'espene* ou *Billoquie*, en anglois *Black-thorn* ou *Sloe-tree*.

Ces arbrisseaux, tant celui à fruit noir, que celui à fruit blanc, sont communs dans nos bois et nos haies; ils sont encore connus sous le nom de *Pruneliers*, et leurs fruits sous celui de *Prunelles*, en wallon *Fourdaines*, en latin *Prunus silvestris*, *fructu parvo serotino*, N°. 4 de du Hamel et N°. 33 de Miller; les botanistes les appellent aussi *Acacia nostras* ou *Germanica*, parce qu'on les substitue ordinairement au véritable *Acacia* des anciens ou d'Egypte, dans les cas qui demandent des astringens ou des rafraîchissans, l'écorce du *Prunelier* est employée avec succès dans les fièvres intermittentes, dit Mr. le Docteur Burtin, qui en a fait une heureuse expérience sur trois sujets; cet arbrisseau peut enfin remplacer le quinquina, le vin, les vinaigres étrangers, le séné du levant, le bois de *Cyprès* et les autres bois exotiques jaunes nuancés : par quelle fatalité donc ce précieux végétal indigène est-il si peu en usage ?

Ces arbrisseaux fleurissent de bonne heure, et leurs fleurs paroissent même avant les feuilles ; les fruits contiennent un noyau applati, dans lequel est renfermée une amande composée de deux lobes ; il y en a qui portent des fruits noirs et d'autres des fruits blancs.

Leur bois est très-dur et rougeâtre. L'*Epine noire* fait de bonnes clôtures ou fermetures de jardins, et les haies mortes qu'on en fait durent le double de celles de l'*Epine blanche*. On en fait aussi des haies vives très-bonnes, mais on doit avoir soin de les tondre, et pour lors elles en sont meilleures. Cet arbrisseau trace beaucoup, et produit un grand nombre de rejets : peu de personnes ignorent que le bois d'*Epine noire* est recherché pour faire de beaux bâtons, qui deviennent légers quand il est bien sec ; mais je doute si un chacun connoît la manière de s'y prendre ; c'est pourquoi je vais terminer cet

article par rapporter ce que dit à ce sujet
Mr. Guiot, dans son *Manuel forestier.* » Il
» faut, dit-il, aussi-tôt, qu'il est coupé, le
» cuire au feu, le dresser et l'écorcer, en-
» suite, pour lui donner une belle couleur
» de maron, on le met dans de la chaux,
» au moment qu'elle s'éteint, pendant une
» bonne heure : là il prend sa couleur, on
» le lave et on le met sécher, en observant
» de le redresser, autrement il se courbe-
» roit et, quand il est bien sec, il suffit,
» pour le rendre luisant, de le frotter avec
» de la serge et un peu d'huile d'olive : de
» cette manière il conserve sa couleur beau-
» coup plus long-tems, et mieux qu'un ver-
» nis, qui s'en va toujours à l'air et à l'eau ;
» plus le bâton vieillit et plus il devient beau''.

Enfin, comme ces arbrisseaux sont suffisamment connus, je n'entrerai point dans un
plus grand détail.

EPINE-VINETTE, en latin *Berberis*, en flamand *Sause-boom* ou *Berberine-hout*, en
anglois *Barberry* ou *Pipperidge Bush*.

Cet arbrisseau épineux vient dans les haies
en beaucoup d'endroits, et autrefois il étoit
plus commun qu'il ne l'est aujourd'hui, non-
seulement dans ce pays, mais aussi dans d'autres : on croit qu'il est devenu plus rare, à
cause qu'assez généralement on prétend que
sa fleur fait couler celle du froment, quoique
les gens sensés ne voient guères ce fait vrai-
semblable, et le mettent au nombre des préjugés populaires.

On cultive l'*Epine-vinette* dans les jardins
à cause de son fruit, et la culture le rend
meilleur, mais on doit l'élever en buisson
et ne point la tailler; on en met aussi dans
les bosquets et les remises, pour y attirer
les oiseaux. Le bois de cet arbrisseau est fort
jaune, et son fruit est agréable au goût,
astringent et rafraîchissant; on le confit en
grain, en gelée, en pâte, en conserve, en
sirop; il peut dans tous les cas être substi-

tué au citron et au limon. On vante beaucoup les confitures d'*Epine-vinette* de Chanceux et de Montbard en Bourgogne, aussi en ai-je mangé de fort bonnes en passant par ces endroits.

L'*Epine-vinette* se multiplie par les semences, les pieds éclatés et les rejets : son bois fournit une bonne teinture jaune, qui pourroit au besoin suppléer celle de la gaude, et même le jaune par excellence, pour teindre les cuirs d'un beau verd, dont le secret n'est plus ignoré depuis qu'il a été acheté et publié par la munificence du Grand-Duc de Toscane, digne frère, à tous égards, de notre auguste Souverain, l'Empereur JOSEPH II.

Les espèces et variétés de cet arbrisseau sont peu nombreuses ; comme on peut les cultiver par curiosité et pour en décorer les bosquets, il convient de leur donner une place dans cet article.

L'*EPINE-VINETTE de Crète* est la plus caractérisée ; son péduncule ne porte qu'une seule fleur, et ses feuilles ressemblent à celles du *Buis*.

L'*EPINE-VINETTE du Canada* a le fruit

le fruit plus gros et les feuilles renversées et très-larges.

L'*EPINE-VINETTE à fleurs d'un violet sombre* a les péduncules très-courts et les feuilles oblongues, ovales, quelquefois entières et quelquefois un peu ondées; on l'appelle aussi *Epine-vinette du levant.*

Mr. du Hamel dit qu'on peut regretter que Mr. Tournefort ait laissé sur le bord de l'Euphrate, l'*Epine-vinette* à fruit noir, *Berberis orientalis procerior, fructu nigro, suavissimo,* et qu'il n'ait pas enrichi notre climat d'un arbrisseau, qui paroît mériter d'être connu.

ERABLE, en latin *Acer*, en flamand *Boogh-hout*, en wallon *Bois de Pouille*, en anglois *Maple-tree.*

Ce nom générique appartient à des arbres, dont les feuilles sont toujours posées deux à deux sur les branches, découpées plus ou moins profondément, dentelées et plus ou moins grandes, selon les espèces. Ce genre d'arbres, dont il y a un grand nombre d'es-pèces, offre beaucoup de variétés agréables et utiles, qui s'accommodent de toutes sortes de terreins et d'expositions, et qui ont le mérite de croître à l'ombre et sous les autres arbres. Plusieurs croissent naturellement en Europe, quelques-uns dans le levant, et le plus grand nombre en Amérique.

N°. 1. *ACER pseudo-Plantancis*, *l'Erable*, dit faussement, *Sycomore* ou *Erable blanc de montagne*, en anglois *Greater Maple*; voyez son article.

N°. 2. *A C E R campestre et minus*, *petit Erable des bois et des haies* ou *Erable commun*, en anglois *common* ou *lesser Maple*, en flamand *Rapthout, Gansepoot,* ou *Kleyn-boog-hout*, en wallon *Bois de pouille*: il est commun dans nos haies et bois, mais par cantons. Cet arbre vient bien dans toutes sortes de terres, cependant on en trouve davantage dans les terres hautes et légères, il est très-commun en Europe, et il est des endroits où on le voit croître et s'élever à une belle hauteur. Dans nos provinces belgiques on ne le trouve guères que dans les bois-taillis et les haies, quoiqu'il y en ait çà et là d'assez beaux arbres dans la forêt de Sogne

Tome I.   V

près de Bruxelles, et dans d'autres bois et forêts du pays; j'en ai vu un très-beau dans la forêt de Condé, chez Mr. le Duc de Croy, près de l'Hermitage, qui portoit plus de cinquante pieds de hauteur, sur quatre de tour. Dans les Ardennes et la province de Luxembourg, on en rencontre aussi d'assez grands; on en fait différens ouvrages; les armuriers s'en servent quelquefois, en place du *Noyer*, pour la monture des fusils, les ébénistes en emploient aussi, et les tourneurs en font de très-belles tabatières avec les grosses racines; et d'autres petits ouvrages de marquetterie et de menuiserie avec cette excressence ondée et tachetée fort agréablement, à laquelle on donne en France le nom de *Broussin d'Erable*, substance qui étoit d'un grand prix chez les Romains, et qu'ils appelloient *mollusculum*.

L'espèce que je viens de décrire, a une variété à grandes feuilles plus pointues, qu'on trouve en Ardennes, dans les rochers et les montagnes; il vient aussi grand que l'autre et plus vîte; on l'appelle *Erable sauvage*, c'est le même qu'on trouve au mont Pilat, montagne à huit ou neuf lieues à l'ouest de Lyon, qui en est une variété à grandes feuilles.

. Enfin cet *Erable* n'est point à négliger, et on en peut tirer parti en taillis, en haies, palissades, etc.

N°. 3. *ACER Plantanoïdes, Erable Plâne* ou *Plâne*. Voyez son article.

N°. 4. *ACER negundo, Erable de Virginie à feuilles de Frêne*, N°. 3 de Miller et N°. 10 de du Hamel : il est originaire du nord de l'Amérique : c'est en Angleterre que j'en ai vu de fort beaux; j'en cultive aussi dans ma terre de Saintes en Hainaut. C'est un arbre qui vient très-vîte, sur-tout dans les terres humides, dans lesquelles il s'élève, souvent en dix ans, à la hauteur de cinquante pieds; son bois, par cette raison, est tendre, principalement lorsqu'il est jeune, aussi périt-il par les fortes gelées de l'hiver, c'est ainsi que j'en ai perdu par les grands froids du mois de janvier 1776; mes amis en ont perdu aussi; mais dès qu'il vieillit, son bois, acquérant plus de consistence, cet *Erable* résiste pour lors à nos grands hivers, du moins ceux qu'on trouve au jardin botanique et chez Mr. Bériot à Louvain, en font preuve; ils sont beaux et continuent à bien

croître : ils avoient, au printems 1786, vingt-
cinq pieds de haut sur trois à quatre de tour :
feu Mr. le Baron de Tschoudi me manda,
(en janvier 1778) que cet arbre donne un
bon bois, d'un grain très-fin : d'autres amateurs lui ont trouvé le bois cassant, et résis-
tant par conséquent difficilement aux grands
vents ; on peut obvier à cet inconvénient en
le plantant à l'abri de l'ouest, d'où soufflent
ordinairement les plus grands vents. Cet arbre, qui croît naturellement dans l'Amérique
septentrionale, y répand abondamment, au
printems, une liqueur sucrée, dont les habitans font un sucre assez bon : enfin cet arbre, dont le nom anglois est *Ash-leaved Ma-*
ple, se multiplie très-facilement par marcottes et par boutures ; dès qu'il fructifiera dans
ce pays, on pourra le multiplier par semences (*). Comme il fleurit, dit Miller, dans le

---

[*] Mr. de Malesherbes m'a mandé, en août
1787, que ses *Erables à feuilles de Frêne* lui donnoient quelquefois des graines mûres, tellement
qu'il en levoit souvent de jeunes pieds, sans avoir
été semés de main d'homme, preuve de son parfait acclimatement en France.

commencement d'avril, et que ses graines sont mûres cinq ou six semaines après, il est bon de savoir qu'il est essentiel de les mettre en terre aussi-tôt après les avoir recueillies, sans quoi elles ne sont plus bonnes à rien.

Je répète encore que son bois est très-beau et très-bon à employer dans la menuiserie.

L'ERABLE *à fleurs* ou *du Chevalier Charles Wager*, parce qu'on le lui envoya d'Amérique, est une variété du précédent, qu'on multiplie beaucoup en Angleterre, et sur-tout autour de Londres, où je l'ai vu; il porte ses fleurs en grosses grappes, elles environnent les plus jeunes branches, en sorte qu'elles paroissent, à une petite distance, en être entièrement couvertes : on en voit deux beaux en montant à la touffe de *Peupliers d'Italie* qui est sur le rempart, en face d'une des allées du parc de Bruxelles.

ERABLE *à fleurs rouges*, en anglois *Scarlet-flowering Maple*, et en Canada *Plaine*, Nº. 5 de Miller, et Nº. 6 de du Hamel : cet arbre s'élève en Amérique à la hauteur de soixante pieds; je le cultive depuis quelques années, et je trouve qu'il mérite d'être

plus connu dans ce pays, où on pourra en
tirer parti ; je l'ai vu en France et en Angleterre, mais il n'y est guères employé que
dans les jardins ou bosquets, à cause de la
beauté de ses fleurs rouges, qui paroissent
de bonne heure au printems ; on devroit cependant le multiplier dans nos bois et dans
nos plantations : c'est ainsi que je l'ai essayé,
et le résultat de ces essais est assez satisfaisant
pour ne point l'abandonner ; il réussit mieux
dans les terres plus sèches qu'humides et qui
ont du fonds, il aime aussi celles qui sont
élevées, mais je lui trouve aussi le défaut
d'avoir les feuilles dévorées par les insectes ;
ce mal devient nul lorsqu'on considère l'a-
vantage qu'on peut retirer de son bois, dont
la qualité, dit le Baron de Tschoudi, est
d'être très-dur, très-veiné et d'une fort belle
couleur ; aussi en ai-je vu en France des fusils montés, que je ne cessois d'admirer : il
sert aussi aux ouvrages de tour et est bon à
brûler. Mr. Thouin, dont les expériences
sont suffisamment constatées, dit que cet
Erable, qu'il appelle *Erable rouge de Virginie*,
est parfaitement acclimaté en France, ainsi

que le précédent, et qu'ils peuvent l'un et l'autre servir à l'emploi des terreins marécageux, partageant avec nos arbres aquatiques la propriété de croître rapidement, et ayant leur bois même plus solide que le leur.

Cet *Erable* donne aussi une liqueur sucrée, mais d'une humidité plus aqueuse que celle de l'*Erable-sucre* ou *à sucre*, de sorte, dit Mr. Kalm, qu'on est obligé de faire évaporer une plus grande quantité d'eau par ébullition et que par conséquent on tire à proportion moins de sucre, qui même est plus noir, mais en récompense cette matière est plus sucrée et d'un meilleur usage pour la poitrine et pour la santé en général.

ERABLE sucre ou *à sucre*, en anglois *American Sugar Maple*, N°. 6 de Miller, et N°. 5 de du Hamel : cet arbre est fort cultivé dans l'Amérique septentrionale (où il parvient jusqu'à quatre-vingts pieds de hauteur) à cause qu'il fournit la plus grande partie du sucre, dont on y fait usage ; je l'élève aussi dans mes terres, où il vient assez bien, et où je trouve son accroissement plus beau dans les bonnes terres peu fortes, légères, sabloneuses et élevées, que dans celles d'une toute autre qualité (*); c'est aussi dans une telle situation, dit Mr. Kalm, de l'Académie de Stockolm, qu'il donne un suc très-sucré, au lieu qu'il est aqueux dans une autre : cet *Erable*, qui, au rapport du même académicien, est une espèce particulière, est un des arbres les plus communs dans les forêts immenses du Canada et des parties les plus septentrionales des colonies angloises, ce qui prouve que cet arbre exige absolument un climat froid, c'est que plus on avance vers le midi de ces contrées, plus rare devient-il : des personnes, qui avoient fait quelque séjour en Amérique, m'ont dit en Angleterre, qu'on ne le rencontroit plus alors qu'au haut des montagnes fort élevées, sur les côtés septentrionaux des lieux élevés ou des bords des rivières, quoiqu'encore rarement, ceux que j'ai plantés dans ce pays dans des terres et à des expositions froides, m'ont aussi paru mieux croître

---

[*] Ils ont fructifié pour la première fois cette année [1787] ; j'en ai fait recueillir les graines dans les premiers jours d'octobre, et mon jardinier les a semées de suite en pleine terre.

et même plus vîte qu'à d'autres, ce qui me fait croire qu'on pourroit, ainsi qu'a fait Mr. Thouin de deux précédens, le ranger au nombre de nos arbres aquatiques : ce peu d'éxpérience pourra engager quelques amateurs à ne point perdre cet arbre de vue, dont la multiplication sera toujours de quelque avantage par la suite, car son bois, dit le Baron de Tschoudi, est très-dur et de belle couleur; Mr. du Hamel m'en a montré de très-belles montures de fusils en 1769, il est aussi bien prouvé que dès les tems les plus anciens et long-tems avant la découverte de l'Amérique, les sauvages du nord de ce vaste continent tiroient du sucre de cette espèce d'*Erable*, qui a quelque ressemblance, dans son jeune âge, avec celui de Norwège, mais à mesure qu'il croît en hauteur, ses feuilles, dit Miller, sont plus profondement découpées et leurs surfaces moins unies, de sorte qu'il est aisé de les distinguer.

ERABLE de Pensylvanie ou *Erable de montagne à bois jaspé*, en anglois *American moutain Maple*, N°. 7 de Miller et N°. 11 de du Hamel : je le cultive avec succès depuis plusieurs années, sa graine doit être semée dans une bonne terre légère avant l'hiver, c'est-à-dire en octobre, tems de sa parfaite maturité (la graine de tous les *Erables*, qui mûrit toujours avant l'hiver, doit être semée de préférence dans l'automne) elle lève alors, le printems suivant il faut garantir le jeune plant du soleil (car la plupart des *Erables* d'Amérique y sont sur-tout fort sensibles dans leur jeunesse) : c'est ainsi que je suis parvenu à en élever des semences d'un vieux que j'avois, qui, semées en novembre, commencèrent à lever dans le commencement d'avril; je le multiplie aussi en le faisant greffer à œil dormant sur le *Sycomore* ou *Plane* du pays : cet *Erable* croît en Amérique sur des montagnes; dans ce pays il donne des graines, quoique fort jeune, et se garnit de feuilles dès le commencement du printems; elles sont à trois lobes pointues, dentelées et très-larges; son écorce est d'un gris-blanc, marquée de séries verdâtres; sa végétation est assez lente (*).

ERABLE de Montpellier, en latin *Acer*

---

[*] On appelle à présent cet *Erable*, au jardin du Roi à Paris, *Acer canadense*.

Monspesullanum, N°. 8 de Miller et de du Hamel : j'ai vu cet *Erable* dans les environs de Montpellier et en d'autres endroits du Languedoc ; il croît abondamment dans le midi de la France et en Italie ; ses feuilles sont découpées en trois, lisses, fermes et d'un beau verd ; et ses fleurs sont rassemblées en petits bouquets.

ERABLE de Crète, en anglois *Cretan Maple*, N°. 9 de Miller et de du Hamel : cet arbre est commun dans les îles de l'Archipel ; il conserve ses feuilles pendant une grande partie de l'hiver, ses fleurs sont par petits bouquets ; il peut supporter le froid de nos hivers, et décore très-bien, pendant presque toute l'année, les endroits où il est planté, et fait un très-bel effet par sa graine, qui, parvenue à sa parfaite maturité, est d'un rouge rose ; j'en ai vu de très-beaux en Angleterre, et en 1769, à Montbard, chez Mr. d'Aubenton, qui étoient âgés de plus de vingt ans.

ERABLE de Tartarie : cet arbre a les feuilles en forme de cône et dentelées, sans presqu'aucune apparence de découpure : il est très-beau par les fleurs qui le garnissent abondamment au commencement du printems, il est déja cultivé chez quelques amateurs de ce pays : cet *Erable* s'élève fort haut, et ressemble au *Charme* par ses feuilles. On trouve, dans la *Flore russe* de Mr. Pallas, que cet arbre a crû, en dix ans, de quinze pieds de haut dans le jardin de Pétersbourg : Mr. Thouin le dit acclimaté en France au second dégré.

ERABLE à feuilles découpées, en latin *Acer laciniolum* : c'est le Comte de Respani qui me l'a fait connoître; il le dit singulier par la forme de ses feuilles, qui sont en patte d'oie; il n'a pas encore vu sa fructification, et il le multiplie avec succès par la greffe en approche sur l'*Erable-Plane*, car la greffe à œil dormant réussit très-difficilement, à cause que, dès qu'on en détache l'écusson, sa sève s'épanche en bouillonnant.

Enfin, je me borne aux *Erables* ci-dessus décrits, d'autant qu'ils sont les plus connus et les plus propres à en tirer autant d'utilité que d'agrément : on les multiplie de semences, qu'on sème avant l'hiver, dès qu'elles sont mûres; quelques-uns par marcottes, d'autres même par boutures. Ces arbres croissent dans toutes sortes de terreins, même à l'ombre : leur bois est très-recherché par les ébénistes, tourneurs, luthiers ; on l'emploie aussi dans la charpente, et Mr. Simon, sellier - carrossier de Bruxelles très-renommé, m'a montré des planches larges de deux à trois pieds, qu'il tire de Suisse, d'une espèce d'*Erable* qui y croît, et qu'il fait servir, de préférence à l'*Orme*, pour les panneaux de carrosse.

____

FAUX-ACACIA, en latin *Pseudo-Acacia vulgaris*, en anglois *Common Bastard Acacia*.

Le *faux-Acacia* fait un bel et grand arbre ; c'est Mr. Robin, Proffesseur de Botanique, qui l'apporta de l'Amérique et le fit connoître en France vers l'an 1600, et il n'y a pas long-tems qu'on voyoit au jardin du Roi à Paris le premier arbre de cette espèce planté par Mr. Robin : les habitans de la Loüisiane le nomment *Bois-dur* dans leur idiôme, son nom allemand est *Schotendornn*. Depuis l'epoque de sa naturalisation en France il s'y est beaucoup multiplié, ainsi que dans d'autres contrées de l'Europe : cet arbre est très-propre à décorer les bosquets, ses fleurs sont blanches, odorantes et disposées en longues grappes, il peut cependant devenir utile, d'autant qu'il l'est dans son pays natal, la Virginie et le Canada, où il s'élève de quarante à cinquante pieds de hauteur et croît de préférence dans un sol léger, son bois est très-dur et durable, et propre à la charpente, puisqu'une partie des maisons de Boston en Amérique en est construite et qu'elles se sont bien conservées. Mr. Goüan, savant botaniste de Montpeiller, me manda, en 1778, qu'il étoit non-seulement très-dur, mais que, comme il est naturellement jaunâtre, il prenoit bien la couleur jaune et ensuite la rouge, ayant eu l'occasion d'en faire l'essai avantageusement sur des meubles, commodes, bureaux, ect.

Cet arbre souffre beaucoup lorsqu'il est planté trop avant en terre, il se plaît dans les bons fonds de terre légère; on le multiplie par les semences, et par les plants enracinés; c'est le N°. 1 des *Robinia* de Miller. Il a paru, il y a quelques années, une petite brochure allemande sur cet arbre, dont j'ai donné un extrait dans la première édition de cet ouvrage, et comme l'auteur parle d'après une expérience de quarante ans, quoiqu'il y ait un peu trop de merveilleux (à ce qu'il me paroît) dans sa description, j'ai voulu insérer de nouveau le même extrait dans cet article.

» Cet arbre, (dit cet auteur) vient de soi-
» même, quand il a la terre et les fonds qui
» lui sont propres : il y a trois manières de
» le cultiver; la première et la plus com-
» mune, lorsqu'on veut jouir au printems de
» son ombre et de la bonne odeur de ses
» fleurs, est de lui donner de tems en tems
» un labour au pied; si on le laisse croître
» de lui-même, il ne sera bon qu'à faire des
» poteaux, pour autant qu'il soit assez grand;
» s'il ne l'est point, et qu'il soit fort gros,
» on en fait des planches, lesquelles, s'il s'en
» trouve qui soient bien quarrées, peuvent
» servir à toutes sortes de charpentes; il est
» vrai que son bois est pliant, fort dur et
» lourd, qu'il se tourne fort bien et se coupe
» très-net sous le rabot, mais il se fend fort
» aisément. Plus vieux sont les *Acacias*, plus
» durs et de plus longue durée en sont les

» planches, et plus ont-elles de veines (ce qui
» fait leur plus grande beauté) le bois devient
» rouge en vieillissant et ressemble assez au bois
» qu'on apporte des îles, aussi s'en sert-on
» pour toute sorte de menuiserie : cet arbre
» est-il planté dans un terrein qui lui soit
» analogue et convenable, il y croît souvent
» si vîte, qu'on peut en dix ans, (dit notre
» auteur allemand) en avoir des planches
» larges à scier.

» La seconde manière de le cultiver, est
» de l'étêter, de trois ans l'un; il pousse si vîte
» d'autres branches, qu'en deux mois, il donne
» plus d'ombre que les autres non étêtés, et
» par conséquent moins touffus; leur tête de-
» vient plus belle et plus ronde, le tronc en
» profite davantage, d'autant qu'il a la pro-
» priété lui seul de s'étendre et d'augmenter,
» en proportion qu'on le tient plus bas. Notre
» auteur prétend que l'*Acacia* donne des pieux
» plus forts et meilleurs que n'en donnent le
» *Chêne* et le *Châtaignier*, qu'après dix ans
» de croissance, son bois est propre à toute
» forte d'usage, et que plus l'arbre est vieux,
» plus il produit de perches, d'autant qu'il
» croît

» a trois ans. Il est vrai qu'en ce cas le pro-
» fit en est retardé, mais il ne restera point
» long-tems à réparer cette perte; il pous-
» sera de la racine et donnera des pieux, qui
» seront meilleurs que ceux provenus des
» branches; le tronc aura plus de force,
» après cette taille, les racines s'étendront
» davantage et donneront beaucoup de rejets
» propres (comme je viens de dire) à faire
» des pieux, ou à être plantés en pépinière.
» Le progrès, continue cet auteur, est si
» grand, qu'il faut le voir pour en être con-
» vaincu. J'en taillai ainsi un, aux racines,
» il y a quelques années, qui étoit au milieu
» d'un champ, il poussa tant de rejettons,
» que j'en eus plus de cinq cens, que je plantai
» en pépinière l'année suivante : cet avantage
» m'engagea à faire la même opération à
» trente autres, que j'avois plantés dans une
» allée, et qui me donnèrent plus de six mille
» rejettons. Je fis ensuite remuer cette terre
» pour en faire un vignoble; j'avois eu soin
» de faire ôter tout *Acacia* qui s'y trouvoit,
» croyant qu'aucune racine n'y fût restée en
» terre; mais je fus fort étonné de trouver

Tome I.   X

» au même endroit plus de six mille rejettons,
» autour desquels rampoient les sarmens.

» L'expérience m'a appris que ces arbres,
» plantés avec les précautions que je vais dé-
» tailler, donnent les avantages que je viens
» de décrire. On doit, en les plantant, bien
» fouler la terre à l'entour, l'air, sans cette
» précaution, pourroit très-facilement, péné-
» trer les racines qui sécheroient bien-tôt :
» dès que l'arbre est hors de la terre, il faut
» (s'il est possible) le planter le même jour,
» ou au plus tard le lendemain. Comme il
» manque souvent, étant semé, il vaut mieux
» le gagner par drageons enracinés; il ne vient
» point, dit notre auteur, de bouture. Est-on
» curieux d'en avoir à planter à demeure,
» et n'a-t-on point de pépinières? il faut pour
» lors en acheter de deux ans, ils croissent
» et tirent mieux à cet âge, il faut les plan-
» ter à l'abri du couchant, l'exposition du midi
» ne lui convient guères, d'autant qu'il aime
» à être rafraîchi; et celle du nord, à cause
» de la trop grande sécheresse, lui doit être
» ménagée. Il ne convient point dans les
» vallées; on peut le planter dans d'autres

» terres que celles qui sont légères, pourvu
» que la superficie n'en sorte point fort, ses
» racines rampant à la superficie. On plante
» l'*Acacia* à cinq ou six pieds de distance,
» et en quinconce, à quinze; on l'arrange
» comme le *Tilleul*, et lorsqu'il croît trop
» fort, et qu'il pousse un grand nombre de
» petites branches, qui, dans la suite empê-
» cheroient que l'arbre ne s'élevât, il faut
» les retrancher, trois ou quatre fois en été,
» et ne lui laisser qu'une petite couronne de
» trois branches.

Cet auteur nous indique trois moyens d'en
tirer un parti avantageux : » le premier est de
» planter seuls les *Acacias* qu'on veut laisser
» croître en haute futaie, pour en faire des
» poutres, des planches et du bois à brûler;
» le second est d'en élever pour en avoir des
» échalats, etc. Le troisième, de former une
» pépinière de ceux à qui on veut tailler les
» racines; on laissera monter ceux qui ont
» le tronc le plus droit et le plus haut, ayant
» soin de ne retrancher annuellement que les
» branches superflues, et de ne laisser que
» celles qui croîtront en droiture. A cinq ou

» six ans on leur coupe les racines, pour en
» faire de grands cercles, qui durent, dit
» l'auteur, plus long-tems que ceux de *Chêne*
» et de *Laurier*; et des branches on en fait
» de petits cercles, dont on se sert pour les
» barils à vin, ayant soin de les fendre dès
» qu'elles sont coupées, sans quoi elles de-
» viennent si dures, qu'il n'est plus possible
» de s'en servir à cet effet ".

Les essais qu'on a faits, il y a quelques
années, dans le parc d'Enghien, où des *faux-Acacia*, venus de graine, parvinrent en trois
ans et demi à vingt-cinq pieds de haut, sur
neuf pouces et demi de tour, prouvent qu'on
peut en tirer un parti utile et se fier un peu
à ce que dit l'auteur allemand sur leur accroissement : on en voit un très-beau dans le
jardin botanique de Louvain, qui porte trente-
six pieds de haut, sur sept pieds de tour; j'en
ai vu encore d'autres dans ce pays qui étoient
aussi beaux et aussi forts, sur-tout dans le parc
d'Enghien et dans celui de Bruxelles.

Il y a de l'avantage, à tous égards, à
élaguer souvent le *faux-Acacia*, il repousse
si vîte, qu'on ne s'apperçoit presque point de

l'élaguage qu'on lui a fait; les arbres en sont plus beaux et les feuilles, au mois d'août, en sont plus vertes et p'us grosses. On peut, dans les pays, où les fourages verds sont rares, en tirer parti, d'autant qu'il est bien prouvé, ensuite de l'expérience qu'en a faite Mr. Bohadsch, Professeur en médecine de l'université de Prague, que les feuilles de cet arbre nourrissent très-bien les bestiaux; entre cinq vaches, il en choisit une, qui donnoit moins de lait que les quatre autres, l'ayant fait nourrir, pendant deux jours, de feuilles d'*Acacia*, elle donna plus de lait que celles qu'on avoit toujours tenues à leur nourriture ordinaire.

Cet arbre porte des bouquets de fleurs blanches, dont l'odeur est douce, et se répand au loin; ses fleurs séchées au soleil, et infusées comme le thé, fortifient l'estomac et les nerfs, et sont bonnes contre les tumeurs, si on lui ôte la première écorce, son bois a le goût de la réglisse, et avec ses fleurs on fait en Amérique un excellent sirop (dit Mr. St. Jean de Crève-cœur dans son intéressant *mémoire sur la culture et les usages du faux-Accacia dans*

X 3

les Etats-Unis de l'Amérique septentrionale, qu'on trouve dans le trimestre d'hiver de la Société royale d'Agriculture de Paris, année 1786) et une cueillerée mêlée dans un gobelet d'eau en fait une boisson très-agréable.

Comme cet arbre mérite de fixer l'attention des agriculteurs, je ne puis trop leur recommander la lecture du mémoire que je viens de citer, ils y trouveront les moyens de le cultiver et de le propager en pépinière, les usages auxquels l'emploient les Américains, l'emploi qu'ils en font pour faire leurs cercles, leurs rames de pois, leurs perches de haricot et de houblon, ect. ect.

Enfin, pour réduire cet arbre à sa juste valeur, le *faux-Acacia* est un bel arbre, ses feuilles sont d'un beau verd, ses fleurs en grappes pendantes, d'une odeur excellente, son bois est dur et de très-bonne qualité; il se multiplie aisément par graines et par drageons enracinés, il parvient à une très-grande taille, mais il a un furieux défaut, qui est d'être très-fendant, de sorte que quelquefois un coup de vent suffit pour le fendre dans toute la longueur de son tronc.

Le *FAUX-ACACIA*, N°. 2 des *Robinia* de Miller, qui se nomme *Robinia échinata*, est presque en tout semblable au précédent, et devient, comme lui, un grand arbre; j'en ai vu à Fulham, dans les jardins de l'Evêque de Londres.

Les N°s. 4, 5, 6, 7, 8 et 9 des *Robinia* de Miller, doivent, dit-il, être traités comme les plantes et arbres exotiques, qui sont tendres et qui ne peuvent supporter nos hivers sans le secours des serres : c'est bien dommage, particulièrement pour l'espèce N°. 4 de son catalogue, qui croît naturellement à Campêche, où il parvient à trente pieds de haut, ses fleurs sont d'une très-belle couleur écarlate et s'élèvent, rassemblées, en forme de cône, aussi sont-elles d'un éclat surprenant; ne pourroit-on point naturaliser cette espèce, dans nos climats, en l'écussonnant ou greffant sur une espèce plus robuste?

L'ACACIA à fleurs roses est le *Robinia hispida*, N°. 3 de Miller : il croît naturellement dans la Caroline, où il s'élève à la hauteur de vingt pieds, elle est bien moindre en Angleterre et dans ce pays (où il commence à être

assez commun) il y fleurit très-jeune, et cet
indice est certain, dit Miller, pour apprécier
la grandeur des arbres ; cet arbrisseau porte
des fleurs d'une jolie couleur rose-tendre, mais
sans odeur, elles paroissent en juin et souvent elles se reproduisent en août et en septembre ; on peut le greffer sur le *faux-Acacia*
ordinaire, on le multiplie aussi, en coupant
de ses racines que l'on met en pot sur une
couche tempérée, où elles poussent des jets
qu'il faut garantir du froid, jusqu'à ce qu'ils
soient un peu forts, cet arbrisseau, cependant, soutient bien nos hivers, mais il aime
mieux une terre légère et une exposition tempérée : étant à Vitri-sur-Seine près Paris, le
Sr. Germain Joüette, me montra la manière
de provigner cet arbrisseau par boutures, elle
consiste à les planter dans un pot sans fond
mis dans un autre pot rempli d'eau à la hauteur de deux ou de trois pouces et de les placer à l'abri du soleil ; cette méthode peut aussi
être employée à multiplier les arbres qui reprennent difficilement par boutures.

FAUX-ACACIA *de Sibérie*, ou *Caragagna*, ou *Aspalathus*.

Cet arbre, que Mr. Buc'hoz appelle *Arbor pisorum ferax*, *l'Arbre aux Pois*, N°. 11 des *Robinia* de Miller, croît naturellement dans les pays les plus froids, dans les climats rigoureux de l'Asie septentrionale, dans un terrein sabloneux, mêlé de terre noire et légère; on en voit beaucoup le long des rivières de cette contrée; les rivages de l'Oby, du Jenisia, etc. en sont fournis. L'endroit de la Sibérie, où Mr. Gmelin, célèbre botaniste de Russie, en a le plus découvert, est aux environs de Tobolsk.

Tout le merveilleux que quelques auteurs ont répandu sur cet arbre, peut se réduire à ce que Mr. Charles de Linné, fils de feu le célèbre botaniste de ce nom, m'a écrit de Suède en décembre 1778 et dont voici le précis.

» Le *Caragana* est peu cultivé à présent » en Suède, quoique la culture en soit très- » facile et que cet arbrisseau croisse dans toute

» sorte de sol, sur-tout dans ceux qui sont
» humides; il supporte fort bien les hivers
» rigoureux de ce climat et est très-propre
» pour en faire des haies vives, on le tond
» et on le ploie aisément, ses semences peu-
» vent nourrir les oiseaux de volière et ses
» feuilles le bétail; plusieurs personnes ont
» tenté de faire avec son bois de petits ou-
» vrages, dont la couleur égale celle du bois
» de *Buis* ». Le même savant, en me com-
muniquant ce précis sur le *Caragana*, m'en
envoya un paquet de semences, ainsi que
du *Robinia frutex* ou *frutescens*, N°. 10 de
Miller, dont je dirai dans l'instant un mot
d'après lui.

Voilà à quoi se réduisent les grands avantages qu'on avoit attribués à cet arbre, qui
n'est qu'un arbrisseau de douze pieds de hauteur, et qui cependant peut-être utile et agréable
par ses graines pour la nourriture des oiseaux,
et par le parti qu'on en peut tirer pour les
bosquets et haies vives.

Le *Robinia frutex*, croît naturellement dans
la Sibérie et la Tartarie, c'est un arbrisseau
de la hauteur de dix pieds, aussi est-il plus

petit que le précédent, mais on peut en tirer le même parti pour les bosquets et haies
vives.

Ceux de ces deux espèces que j'ai gagnés
des semences, que feu Mr. Charles de Linné
m'avoit envoyées, viennent assez bien dans
mes terres, et sur-tout lorsque le terrein a du
fonds.

FAUX-PISTACHIER ou *Nez-coupé*, en latin
Staphilodendron ou *Staphylæa*, en flamand
Pimper-noten, en anglois *Bladder-nud*.

Cet arbrisseau est le *Staphylæa pinnata*,
N°. 1 de Miller, qu'il dit croître naturellement
dans les bois de plusieurs parties de l'Angleterre,
où on l'emploie, comme ici et en France,
à décorer les bosquets du printems; les buissons qu'il forme, sont fort jolis et très-agréa-
bles, ses fleurs sont blanches et en petites grappes; il fleurit en mai, et ses fruits mûrissent
en septembre; ils ne sont cependant jamais
assez mûrs, pour en retirer, comme dans
les climats plus chauds, une huile résolutive.
On fait des chapelets, avec les noyaux du

Staphilodendron; on le multiplie par marcottes, mais sur-tout par les rejets qu'il pousse abondamment de ses racines; c'est la méthode la plus prompte et la plus sûre.

Cet arbrisseau, qui croît dans le midi de l'Europe, s'est acclimaté dans les climats plus froids, puisqu'il vient naturellement en Angleterre, et qu'il est des endroits dans ce pays où on en a trouvé aussi, il y a quelques années; les paysans n'en savoient pas le nom, peut-être y avoit-il été cultivé autrefois.

Je cultive aussi le *Staphylæa trifoliata*, N°. 2 de Miller; il est originaire du nord de l'Amérique, et devient aussi commun en Angleterre, en France et dans ce pays que le précédent : ses feuilles n'ont que trois folioles communément plus étroites que celui d'Europe; ses fruits en diffèrent aussi, en ce qu'ils sont divisés en trois loges ouvertes par un bout, et qu'ils mûrissent mieux que l'autre dans nos climats septentrionaux.

FÉVIER, en latin *Gleditsia spinosa* ou *Acacia triachantos*, en Anglois *three thorned-Acacia*.

Cet arbre, aussi connu sous le nom d'*Acacia d'occident*, et sous cellui de *Honey-locust* par les Anglois de l'Amérique septentrionale, vient bien dans notre climat et résiste au froid de nos plus grands hivers, au bout près de ses jeunes branches, à cause qu'il pousse tard; son feuillage est très-agréable et donne une petite odeur gracieuse, ainsi que sa fleur, qui n'a pas beaucoup d'éclat; ses feuilles, comme toutes celles qui sont empanées, se replient le soir les unes sur les autres, et s'ouvrent le matin. Le *Févier* jette beaucoup de branches, et les a armées de très-fortes épines à trois pointes, il préfère les terres légères avec du fond aux terres fortes; son bois est dur et fendant et s'éclate aisément comme celui du *faux-Acacia* : cet arbre réussit fort bien dans des massifs de bois; j'en ai vu ainsi plantés, en 1769, chez Mrs. du Hamel, d'où je rapportai des

graines qui levèrent en partie; il faut les
semer au printems, à un demi-pouce de profondeur, en terre légère, fréquemment et
modérément arrosée; ces jeunes pieds doivent être garantis de bonne heure des froids
de l'automne, ou, s'ils ont été semés dans
des caisses, on les tient dans la cave ou dans
l'orangerie pendant l'hiver; il est prudent,
lorsqu'on les aura plantés, d'en garnir les
pieds de mousse, pour conserver l'humidité
des arrosemens pendant le hâle du printems
et les chaleurs de l'été.

Dans le nord l'Amérique, d'où cette arbre
est originaire; il s'élève de quarante à soixante
pieds de haut, et croît dans un sol sablonneux et
léger, c'est aussi celui dans lequel je me suis
apperçu qu'il faisoit le plus de progrès dans
ce pays : son écorce est médicinale, il porte,
comme je viens de dire plus haut, de longues épines, à côté desquelles en sont deux
ou trois, plus petites qui naissent souvent
comme par paquets, aux nœuds de la tige,
et ont quelquefois trois ou quatre pouces de
longueur : sur ces branches sont pareillement,
un peu au-dessus de l'aisselle des feuilles,

trois fortes épines jointes ensemble, quelquefois longues de trois à quatre pouces, et qui
en produisent presque toujours de moins grandes sur leurs côtés : toutes ces épines sont
dures, très-affilées, et bien fermement attachées, soit aux branches, soit au tronc.

Si ces arbres deviennent communs dans la
suite, on pourra, en les étêtant, en former
de bonnes haies, et même en les laissant venir
en buissons, d'autant que Mr. le Professeur
Michaux m'a mandé de Louvain que les siens
croissoient bien et formoient en peu de tems
de gros buissons, d'ailleurs ils produisent beaucoup de branches, et leurs épines sont très-
fortes : étant à Bordeaux, en 1769, on m'a
dit qu'il y en avoit déja quelques haies dans
les environs.

Le *FÉVIER de la Caroline*, que Mr. Catesby envoya en Angleterre sous le nom d'*A-
cacia d'eau*, en anglois *Water-Acacia*, a les
feuilles plus petites que celles du précédent,
ses siliques sont ovales et beaucoup plus courtes et ne renferment qu'une semence.

Le *Février sans épines*, que j'ai vu chez Mr. du
Hamel, qu'il croit être l'*Acacia-javanica* de

Pluknet, est, quant au reste, semblable au premier.

Ces arbres ont généralement, le feuillage fort agréable, et le meilleur parti, je pense, qu'on puisse en tirer, est de s'en servir, comme arbres d'ornement ; il me paroît aussi que c'est celui qu'on a suivi dans les cantons, où je les ai vus employés.

FRAMBOISIER, en latin *Rubus Idæus spinosus*, en flamand *Hinnebezien* ou *Frambezien*, en wallon *Flambaigy*, en anglois *Raspberry*.

Ce *Framboisier*, qu'on croit originaire du mont Ida, se trouve cependant naturalisé dans les Alpes, sur les montagnes du Bugey, du Dauphiné, etc. Ces arbrisseaux différent des ronces, proprement dites, en ce que leurs tiges ne rampent point, mais qu'au contraire elles se soutiennent droites.

Cet arbrisseau est trop commun, par conséquent assez connu pour ne point m'arrêter à en faire un ample description : ses fruits, qu'on nomme *Framboises*, sont sains, rafraîchissans,

chissans, anti-scorbutiques, font bonne bouche et sont convenables à ceux dont les humeurs sont trop âcres et trop agitées, on les sert au dessert, et les confiseurs et les distilateurs les savent employer utilement, les feuilles et les sommités du *Framboisier* sont aussi d'usage en médecine; enfin tout le monde le connoît, et sait qu'on le multiplie par marcottes et par drageons enracinés, qu'une terre humide et substancieuse lui convient mieux qu'un sol chaud et léger.

Le *FRAMBOISIER à fruit blanc* est une *espèce* purement *jardinière*, c'est-à-dire perfectionnée par la main de l'homme ou par un luxe de la nature, et qui se conserve dans son état de perfection par les *semis*, les *marcottes*, les *boutures* et la *greffe* : il ne diffère du précédent que par la couleur de son fruit, qui est plus doux et d'un parfum moins exalté.

Le *FRAMBOISIER odorant* ou *du Canada*, parce qu'il en est originaire, merite de trouver place dans les bosquets et jardins modernes, à cause de ses belles et grandes feuilles découpées et de ses fleurs semi-doubles, disposées en rose et de couleur incarnat : cet arbrisseau

Tome I.   Y

porte ses fleurs et ses fruits, même avant trois ans; on ne doit point lui couper les tiges, comme aux autres, qui sont sans épines, il aime l'ombre, et est une véritable espèce botanique.

Le *FRAMBOISIER de Pensilvanie* peut également décorer les bosquets, il a peu d'épines et le sommet de ses tiges est bleuâtre.

Le *FRAMBOISIER, sans épines* N°. 3 de Miller, celui *à fruit noir de Virginie*, N°. 5 de Miller : et celui d'*automne* ou *tardif*, qui portent des fruits dans cette saison et au printems, peuvent aussi être employés par les amateurs.

FRÊNE, en latin *Fraxinus*, en flamand *Esschen-boom*, en wallon *Franne*, en anglois *Ash-tree*.

Cet arbre, qui est le *Fréne* de la grande espèce, est très-connu dans ce pays, et on l'emploie fort utilement pour notre charronnage, qui est fort estimé de l'étranger, mais j'ignore par quel préjugé on l'abandonne, il faut en connoître peu les avantages, pour en négliger ainsi la culture. Je connois des cultivateurs qui se sont détrompés à tems de l'erreur où ils étoient à ce sujet et ont formé des pépinières exprès, pour y planter autant de *Frénes* qu'ils pourroient en ramasser, j'en fais de même, et loin de le mépriser, je me plais à en planter, bien persuadé des avantages qu'il procurera dans la suite. On en fait de bons cerceaux, il est bon à brûler et à faire du charbon et comme il brûle bien, étant encore verd, les voleurs de bois coupent le *Fréne* de préférence aux autres arbres, ce bois est le plus estimé et le meilleur de tous les bois pour le charonnage, les ébénistes le substituent au *Cèdre* blanc et à tout autre bois blanc veiné exotique, les tourneurs le recherchent aussi, et le seul défaut qu'on lui reproche, c'est d'être assez promptement piqué par les vers, quoique Miller et le *Compleat Body* disent que cet arbre n'est sujet aux vers, que lorsqu'on l'a coupé trop tôt en automne, ou trop tard au printems, et établissent, pour règle, de le couper depuis le mois de novembre, ou même vers Noël, jusqu'en février, mais, au cas qu'on veuille faire servir ce bois en perches, le printems, selon ces auteurs, est alors la meilleure saison, non-seulement pour le *Frêne*, mais pour tout autre bois liant, sans quoi, les pluies d'hiver pourroient endommager le tronc. En un mot, on en fait plusieurs ouvrages, comme des échelles légères, des hampes d'esponton, des écuyers (*), des manches de divers outils, des perches fort estimées pour les houblonnieres, du charbon, qui est un de ceux qui durent le plus, etc. On prétend aussi que le bois de *Frêne* est le meilleur pour *encaquer* le hareng; on attribue encore au *Frêne* plusieurs vertus singulières, et leurs plus grands apologistes sont les Allemands, qui lui en donnent trente-sept que le Jésuite Schott a recueillies avec soin, consultez les *curiosités sur la végétation*, par Mr. l'Abbé de Vallemont, page 164 et suivantes. Pline parle aussi de cet arbre, comme d'un merveilleux vulnéraire, et assure, que, dans toute la nature, il n'y a point de spécifique, pour la guérison des plaies, et contre les venins, qui soit comparable au suc de

____

(*) Ce sont des perches, que l'on emploie ordinairement en supports, le long des murs d'escaliers.

Frêne. Les vertus réelles de cet arbre sont d'être fébrifuges et purgatives ; et Mr. Burtin dit qu'il peut remplacer le *séné du levant*, le *quinquina* et l'*écorce de tamarin*.

Cet arbre s'accommode assez bien de toutes sortes de terres, il vient néanmoins mieux dans les terres aquatiques et humides au bord des rivières et des eaux courantes, sur la berge des fossés. On en forme aussi des allées, on le met en haute futaie, massifs, etc. Le *Frêne* est fréquemment dévoré par les chenilles et les cantharides, il n'y a que le *Frêne à fleurs* qui soit absolument exempt de ce défaut. Je vais dire un mot de cette espèce étrangère, comme de quelques autres que je cultive jusqu'à présent, avec assez de succès ; je ne puis auparavant me dispenser de rapporter ce que recommande Evelyn, auteur anglois, p. 282, qui est d'élaguer le *Frêne* pendant l'été et la grande chaleur ; opération, dit-il, moins dangereuse alors pour cet arbre, que si on la faisoit au printems : le même conseille de le transplanter pendant l'automne, et non au printems ; Columelle, *de Arboribus*, CXVI, semble aussi préférer cette dernière saison pour l'Italie.   Y 3

Observez, en plantant les *Frênes*, de ne point les étêter et de laisser subsister les pétites branches qui poussent le long de la tige, afin de donner de la consistance à celles du sommet; d'ailleurs l'équilibre que la nature a mis entre les branches et les racines, fait que les secondes s'appauvrissent en proportion du retranchement des premières.

Voici à présent les espèces de *Frêne* étrangères les plus connues et qu'on cultive avec succès dans ce pays-ci; elles méritent de trouver place dans les possessions d'un propriétaire curieux : je les ai multipliés autrefois par les graines qu'on m'a envoyées d'Angleterre et de France, ou par la greffe sur le *Frêne* du pays, en fente ou en écusson à œil dormant. Ces greffes me réussissent assez bien, et je conseille à ceux qui veulent s'en procurer en peu de tems, de pratiquer cette méthode, d'autant que les graines ne lèvent, la plupart du tems, que la seconde année. Tous les *Frênes* préfèrent une bonne terre et un sol humide, sur-tout celui de la Caroline, à un terrein dur, crayonneux, etc.

N°. 1. *FRÊNE à fleurs (Fraxinus florifera*

bathryoïdes aut paniculata) N°. 4 de Miller et de du Hamel, en anglois *Flowering ash* ; cette espèce croît naturellement en Italie, on la trouve en Angleterre et en France, et je la cultive, depuis 1766, dans ce pays; ce *Frêne* croît plus lentement que le *Frêne* commun, et son bois par conséquent est plus dur, mais sa hauteur est moindre, et l'arbre en général est recherché pour décorer les endroits où on le veut planter, c'est ainsi que je l'ai vu employer en France et en Angleterre, où il faisoit un bel effet, même de loin, par ses grandes et grosses grappes de fleurs d'un blanc herbacé, qui viennent en ombelles au haut des branches, il fleurit dans ce pays à la fin de mai, ceux que je semai en 1766 commencèrent à fleurir en 1772 et 1773, et leurs graines mûrirent; les plus grands, mesurés à l'âge de sept ans, portoient onze pieds de hauteur, mesure de France, sur cinq pouces de circonférence, les feuilles de ce *Frêne* sont d'un beau verd foncé et ne sont jamais endommagées par aucun insecte, j'en ai vus chez Mr. du Hamel dans des bosquets, massifs, en allées et

Y 4

dans ses bois, à son exemple j'en ai aussi planté dans un petit bois, d'autant que je donne la préférence aux arbres qui peuvent devenir de quelqu'utilité; car ce n'est que par différens essais qu'on peut parvenir à la connoissance de leurs qualités utiles ou agréables : au mois d'août 1771, je fis greffer en écusson à œil dormant ce *Frêne* sur d'autres de son espèce, que je mesurai deux ans après, je les trouvai hauts d'environ quatre pieds, sur un pouce cinq lignes de tour, leurs branches sont moins noires, leurs feuilles d'un verd moins foncé, et leur accroissement plus prompt, ce qui prouve que les entes peuvent perfectionner les espèces, ainsi que je l'ai déja rapporté d'après les Chinois : tout donc doit nous porter à multiplier ce *Frêne* dans notre climat, qui d'ailleurs est à préférer pour les bosquets d'agrément.

N°. 2. *FRÊNE de la Caroline*, *Fraxinus caroliniana*, *folioliis lanceolatis*, *minimè serratis*, *petiolis teretibus pubescentibus*, N°. 6 de Miller et N°. 5 de du Hamel, en anglois *Carolina ash* : cet arbre devient très-grand en Amérique, et s'y élève à quatre-vingts pieds de haut sur un sol riche et humide; son bois est bon pour le charronnage et pour brûler: le feuillage de ce *Frêne* est d'un verd gai, ses feuilles ressemblent un peu à celles du *Noyer*; c'est aussi à cause de cette ressemblance que quelques-uns lui ont donné le nom de *Frêne à feuilles de Noyer*, ses semences sont plus grandes et plus blanches que celles du *Frêne* commun, il est du nombre de ceux que je cultive : cet arbre se plaît de préférence dans une terre humide; j'en ai vu en France, principalement dans les terres de Mr. du Hamel et en Angleterre aussi, où il est connu depuis 1727, par les graines que Mr. Catesby y envoya cette année-là de la Caroline : enfin, ce *Frêne* mérite d'être cultivé à tous égards, c'est ce que me mandoit aussi, en 1778, Mr. le Baron de Tschoudi.

N°. 3. *FRÊNE de la nouvelle Angleterre*, aussi *Frêne blanc d'Amérique* (*Fraxinus ex nová Angliâ, pinnis, foliorum in mucronem productioribus*) en anglois *new England ash*: c'est le *Frêne* décrit dans Miller, sous le N°. 5, et dans du Hamel sous le N°. 6.

Il se trouve aussi en Canada et à la Louisiane, où il devient un bel arbre et où, planté dans un sol léger, il s'élève à environ cinquante pieds de haut : j'ai l'expérience que, dans tout autre sol, il croît très-lentement, et même qu'il languit : son feuillage est d'un verd gai, et ses feuilles sont terminées par une longue pointe ; il croît assez vîte ; j'en ai aussi quelques pieds, et en 1771 j'en ai fait greffer, sur le *Frêne à fleurs* en écusson à œil dormant, en 1773 ils étoient hauts de sept pieds et demi, sur deux pouces deux lignes de tour ; le bois de ce *Frêne* paroît de bonne qualité, il est d'une assez belle venue, quoiqu'il ne fasse pas une grosse tige et que ses branches soient sans ordre : il est aussi connu en Angleterre depuis 1724, par les graines que Mr. Moore y envoya d'A-mérique ; Mr. du Hamel en a aussi de fort beaux dans ses terres, il est sûr que cette es-pèce de *Frêne* mérite d'être cultivée.

Nº. 4. *FRÈNE de Calabre* ou *à la manne* (*Fraxinus rotundiore folio*) Nº. 2 de Miller et de du Hamel, en anglois *Manna ash* : ce *Frêne*, qui s'élève rarement à la hauteur de

vingt pieds, croît naturellement dans la Calabre, où il produit la manne; ses fleurs sont
d'une couleur pourpre, et paroissent avant
les feuilles, qui sont en oval un peu alon-
gées, plus profondément dentelées et d'un
verd plus gai que celles du *Frêne* commun,
auquel celui-ci ressemble beaucoup : la fleur
en diffère en ce qu'elle est pourvue de co-
rolles, et sa feuille en ce que la foliole im-
paire qui la termine est plus grande que les
autres qui sont ovales et en forme de lance.
J'ai appris à le connoître dans le voyage
que j'ai fait en France et en Angleterre; il
sera utile de le multiplier, peut-être que par
la suite on pourra parvenir à en tirer le même
produit qu'en Calabre; il aime un sol sec
et vient bien sur les hauteurs : il fait un assez
bel effet dans les bosquets, et croît beaucoup
plus vîte greffé sur le *Frêne* du pays que sur
d'autres; observation que m'a communiquée
le Comte de Respani.

N°. 5. *FRÈNE de Montpellier* ou *Frêne
nain de Théophraste* (*Fraxinus foliis serratis,
floribus corollatis*) en anglois *dwarf ash of
Theophrastus*, N°. 3 de Miller et de du

Hamel : ce *Fréne* que je cultive aussi depuis neuf ans, parvient à peu près à la hauteur du précédent, sa pousse est lente, son feuillage est assez agréable, quoique d'un verd obscur; ses feuilles sont étroites, plus petites et plus dentelées que celles du précédent, et ses fleurs sont colorées : je l'ai vu dans les environs de Montpellier où il est commun, ainsi que dans les autres provinces méridionales de la France : on croit même que ce *Fréne*, comme celui de Calabre, est semblable à ceux qui donnent la manne de Calabre; il est apparent que ce sont les mêmes, et la différence, s'il y en a, peut provenir du climat.

N°. 6. *FRÈNE à branches pendantes*, en latin *Fraxinus ramis pendulis* : cet arbre ressemble beaucoup au *Saule de Babilone ou du levant* par ses branches qui s'inclinent comme lui vers la terre; cette singularité le rend le plus remarquable de tous les *Frênes*; il est encore très-rare et fort cher, mais comme il se multiplie facilement par la greffe, il ne tardera point à être répandu parmi les amateurs de la dendrologie; c'est à Mr. de We-

velinchove, Gentilhomme de ce pays et amateur distingué, que nous sommes redevables
de posséder cette belle espèce de *Frêne*,
qu'il a rapportée d'Angleterre, il y a peu
d'années.

Les espèces ou variétés de *Frêne* que je
viens de décrire, sont les plus belles et les
plus connues, s'il en existe d'autres, je n'en
dis rien, parce que je ne les connois point.

GENÈT, en latin *Genistra*, en flamand *Brem*,
en wallon *Genette*, en anglois *Broom*.

Le *Genet* est un arbrisseau fort commun
dans certains cantons, et sur-tout dans les
landes; il est trop connu pour insister à le
décrire; si on le cultive dans une bonne
terre, il s'élève quelquefois à la hauteur d'un
homme, on peut employer ses tiges flexibles
à en faire des balais comme j'en ai vu à
Paris, on en fait aussi des remises pour les
perdrix, il y en a qui ont l'art de tirer de
ses fleurs une belle laque jaune, qui est re-
cherhée des peintres et des enlumineurs.
Mr. de Beunie, de l'Académie de Bruxelles,

dit que cette espèce de *Genêt* mérite une place parmi les plantes dont on peut faire de la toile et du papier et qu'elle fournit à la teinture une couleur jaune pâle, tant pour les étoffes animales que végétales : en 1763, dans le mois de juin, on a fait voir à l'Académie royale des sciences, à Paris, de la toile faite avec le *Genêt*, cette toile a paru bonne, mais grossiere; et en 1756, un extrait des papiers publics d'Italie fit connoître qu'au levant de Pise, au pied du mont Casciana, il y avoit des sources thermales dont les eaux servoient à rouir les jeunes tiges des *Genêts*.

Le *G E N Ê T d'Espagne* porte des fleurs d'une odeur délicieuse, celui *à fleurs doubles* répand autant d'odeur, et comme il ne donne point de graines on le multiplie par la greffe qui prend facilement; ils tiennent une place distinguée dans les bosquets d'été, dans les massifs d'arbrisseaux; il y a une espèce de cet arbrisseau qui est naine et *à fleur simple* et *à fleur double* : ces *Genêts* ne résistent guères à nos hivers extraordinaires, puisque le froid du mois de janvier 1771 a fait périr tous les miens.

LES GENÊTS *de Lucques* et *de Sybérie*, qui font de jolis arbustes et qui décorent bien les bosquets, l'ont supporté et résistent, quoique jeunes, à nos hivers, d'ailleurs ils ne sont point délicats sur la nature du sol et viennent fort bien par-tout.

Le GENÊT *des teinturiers*, *Genista tinctoria* de Linné et N°. 3 de Miller, est commun en Angleterre, en Allemagne, en France, etc. n'exige aucune culture, se multiplie par semences et ses sommités fleuries servent aux teinturiers pour faire la couleur jaune.

Le GENÊT *épineux*, en latin *Ulex europæus*, en flamand *stekende Brem* ou *Gaspeldoren*, en anglois *Furze*, *Gorse* ou *Whins*, est un arbrisseau peu commun dans ce pays, on en voit cependant sur les bords du canal de Gand à Bruges, en approchant de cette dernière ville, j'en ai trouvé aussi quelques pieds en 1773 dans les environs de Bruxelles; je l'ai vu employer assez utilement en Brétagne et en Poitou, où on l'appelle *jonc-marin*, *ajonc* et *landes*; dans certains cantons, où il y a peu de bois, on en sème des champs entiers pour en faire des fagots pour chauffer les fours et cuire la chaux ; en allant de la Rochelle à Nantes, je trouvai des landes ou pays de boccages, que je traversai, qui en étoient remplies ; j'y ai vu l'usage qu'on en faisoit pour nourrir le bétail lorsque les autres fourrages sont rares.

Comme les tiges de ce *Genêt* sont garnies de petites feuilles ovales et de longues épines vertes, d'où il en part d'autres plus petites, qui sont encore garnies de plus petites épines ; on les bat pour en rompre ces épines, et les bestiaux les mangent très-bien : dans d'autres cantons on en fait des engrais, et on prétend que ce *Genêt* n'épuise point la terre ; on le multiplie de graines, et quand il est bien taillé et soigné, il forme des haies impénétrables : on peut encore faire des buissons pour les bosquets d'hiver ; on en décore aussi ceux du printems et même ceux d'automne, attendu que souvent ces arbrisseaux fleurissent encore dans cette saison : on peut aussi en garnir les côteaux et autres mauvaises terres ou plaines sablonneuses, non-seulement pour empêcher que le vent n'emporte le sable sur les grains, les fruits, etc. mais aussi

aussi pour en faire des remises à gibier, ayant l'attention de le couper de tems à autre, sans quoi ce seroit dans la suite un repaire de bêtes carnacières.

Je l'ai encore vu employer à garnir les berges des fossés pour tenir lieu de haie, cependant un cultivateur de ce pays, très-curieux, m'a assuré qu'un de ses parens, amateur comme lui, en avoit fait des haies, qui périrent par l'hiver de 1740, ce qui ne me surprend point, puisque les hivers rudes le font périr en partie dans ce pays-ci, comme en Angleterre.

Le *petit GENÊT épineux*, N°. 4 de du Hamel, se trouve en Brabant, dit Dodonæus, dans les endroits humides, négligés et abandonnés; d'autres disent qu'il forme un buisson bas qui ne vient que sur des côteaux, et qu'il est si couvert d'épines, qu'à peine y distingue-t-on quelques feuilles : tout ceci ne peut être attribué qu'au *petit Genêt très-epineux*, N°. 5 de du Hamel, qui vient sur les rochers. Ces espèces pouvoient être plus communes autrefois, mais à présent que nos provinces sont plus peuplées, et sur-tout bien cultivées, elles sont tout-à-fait, sinon détruites, du moins très-rares.

GÉNÉVRIER, en latin *Juniperus*, en flamand *Genever-boom*, en wallon *des Genoives*, en anglois *Juniper*.

Le *Génévrier* ordinaire est un arbrisseau, qui, suivant le climat et le sol, peut s'élever en arbre : c'est le N°. 1 de Miller et de du Hamel, en latin *Juniperus communis*, en anglois *common english Juniper* : on le trouve dans les landes et les plus mauvais terreins où souvent aucun arbre ne peut subsister ; il a beaucoup de propriétés médicales, économiques et d'agrément. Je ne m'arrêterai point aux deux premières, pour lesquelles le lecteur peut consulter les ouvrages qui en parlent, mais quant à celles d'agrément, je dirai qu'il sert à faire des haies, à garnir des massifs, des bosquets, sur-tout d'hiver, des collines ou côteaux arides et secs, des garennes, et que d'ailleurs les merles et les grives se nourrissent aussi de ses baies, qui sont fort en usage dans la composition de cette liqueur connue sous le nom de *genièvre*, inférieure à celle de Hollande, à cause de son goût empyreumatique, qu'on peut corriger complettement, dit Mr. Burtin, par les fleurs d'*Yeble* ou *petit Sureau*; le bois et les baies s'emploient aussi avec avantage dans les hôpitaux, les chambres des malades, les étables, sur-tout dans les tems de contagion et d'épidémie.

N°. 2. *GÉNÉVRIER de Suède* ou *des montagnes*, *Juniperus suecica*, en anglois *Swedish juniper*, N°. 2 de Miller et de du Hamel : ce *Génévrier* s'élève en arbre bien droit et se distingue d'avec le *Cèdre* par son fruit et ses feuilles, qui sont simples et plates, plus larges et plus grandes que celles du précédent, dont il est une variété, il doit se trouver dans certains endroits de ce pays, surtout dans ceux où croît le premier; mais il est plus commun dans le nord et croît naturellement dans la Suède, le Danemarck et la Norwège; son bois est absolument semblable à celui du *Cèdre* et a le même avantage de ne se pourrir que très-difficilement : Mr. du Hamel, qui en a frait travailler, nous assure de ces bonnes qualités; il mérite donc d'être cultivé. Il commence à se répandre dans nos bosquets d'agrément, et est connu dans ce pays sous le nom de *Génévrier de Suède*: son tronc est droit, son écorce rougeâtre, assez unie, quoique gercée, etc. Dans les pays chauds, on en retire par incision la résine nommée *sandaraque*.

N°. 3. *CÈDRE rouge de Virginie, Juniperus Virginiana*, en anglois *Cedar of Virginia* ou *red Cedar*; N°. 3 de Miller et N°. 6 de du Hamel: ce *Cèdre* forme un bel et grand arbre; il n'est rien moins qu'à négliger dans un bosquet d'hiver. Il vient fort bien dans ce pays où il a résisté aux hivers rigoureux des années dernières; j'en ai l'expérience, d'autant que j'en éleve dans ma terre de Saintes en Hainaut, qui ont huit ans; je les ai gagnés des semences que m'envoya Mr. du Hamel en 1778, je les fis semer la même année vers la fin de mai, et dans le commencement d'avril de l'année suivante elles levèrent, ce printems (1786) j'en ai mesuré qui ont plus de quatre pieds de haut. Ceux de cette espèce que j'ai vus en 1769 à Denainvilliers, chez Mr. du Hamel, étoient beaux; mais les plus beaux et les plus grands que j'aie vus, sont en Angleterre à Henly-Parck, très-jolie campagne qui appartenoit alors à Mr. Dayrolles, mort en mars 1786. Il avoit été Ministre du Roi d'Angleterre à Bruxelles, avant la guerre qui s'alluma en 1756. Ce *Cèdre* croît naturellement dans le nord de l'Amérique, et très-vîte dans un sol riche et léger, où il s'élève jusqu'à cinquante pieds de haut; son bois est étonnemment durable : Mr. Thouin le dit aussi être un des arbres les plus propres à faire des plantations dans les plus mauvais terreins.

Le *CÈDRE de la Caroline*, N°. 4 de Miller, peut être réuni à celui-ci, d'autant que les arbres de ces deux espèces, qui n'en doivent faire qu'une, portent des branches dont les feuilles ressemblent à celles du *Cyprès* et d'autres à celles du *Génévrier*, et quelquefois on lui trouve les jeunes pousses portant des feuilles de *Génévrier* et les anciennes des feuilles de *Cyprès* : par conséquent ces deux *Cèdres* peuvent être appellés indistinctement, *Cèdres rouges de Virginie* ou *de la Caroline*.

Il est à observer que les semis de *Cèdre* ou de *Génévrier* ne lèvent quelquefois que la seconde année, qu'on doit les semer dans des caisses et dans une terre légère bien préparée, et les défendre du soleil, et que lorsqu'on les transplante il faut le faire avec précaution et leur laisser une motte au pied, comme à tous les individus de ce genre et de tous les arbres résineux toujours verds; observation fondée sur l'expérience que j'en ai. Le Marquis de Turgot le fait reprendre de marcottes et de boutures, ainsi que toutes les espèces de *Génévrier*, les *Thuyas*, la *Sabine* (*).

Tous les autres *Génévriers* ou *Cèdres* qui croissent naturellement dans le levant, en Italie, en Provence, en Languedoc, en Espagne, en Portugal et dans les îles de Cuba, de la Jamaïque, etc. où croît ce *Cèdre*, en anglois *Mahogony tree*, dont le beau bois est

---

(*) Mr. Steenmetschers, Maître en pharmacie et fort curieux en botanique, demeurant à Bruxelles, a aussi réussi, ainsi que moi, à multiplier le *Cèdre rouge de Virginie* par boutures, plantées à l'ombre au printems.

connu sous le nom de *bois de Mahony* ou d'*Acajou à planches*, ne pourront guères, ou plutôt point du tout se naturaliser dans nos climats septentrionaux ; c'est pour cette raison que je ne veux point ennuyer mes lecteurs par leur liste et leur description, d'autant plus qu'elles seroient déplacées dans cet ouvrage, où je ne décris que les arbres, arbrisseaux et arbustes qui supportent ou qui pourront supporter les variations de notre climat.

FIN DU PREMIER VOLUME.

ADDITIONS

A quelques articles de cet ouvrage, faites pendant l'impression. (*)

ARBRE DE VIE OU THUYA.

JE viens d'avoir fait employer le bois de deux *Thuyas de la Chine*, que j'avois dans mes jardins; les ouvriers ont trouvé qu'il pouvoit remplacer celui du *Buis*, et d'autant plus avantageusement que cette espèce d'arbre ou de grand arbrisseau croissoit moins lentement.

CERISIER.

Le *Cerisier des oiseaux*, ou autrement *Putiet*, croît naturellement en Europe et jusqu'en

---

(*) N'ayant pas voulu priver les amateurs de nombre de choses essentielles, et le second volume se trouvant beaucoup plus fort que le premier, c'est pour les rendre égaux que j'ai fait placer ici ces additions, étant indifférent aux curieux où ellet se trouvent.

Sibérie et dans la Laponie, mais on le rencontre sur-tout sur les hautes montagnes d'Alsace et de Lorraine ; l'écorce de cet arbre est employé dans la médecine, spécialement à cause de ses propriétés fébrifuges : consultez la *Dissertation sur le Putier* par Mr. Buc'hoz, dans laquelle il est aussi parlé des espèces ou variétés de l'Amérique (que j'ai décrites en partie à l'art. du *Cerisier*) du *Laurier-cerise* ou *Laurier-Amandier*, de ses usages et de ses propriétés plus ou moins vénéneuses, et du *Cerisier* dit *Bois de Ste. Lucie*, qui croît aussi dans la Suisse et dans l'Autriche, dont le bois, rapporte Mr. Buc'hoz, est sudorifique et dessicatif ; sa baie purgative, attenuante et résolutive, lorsqu'on la mange ; et l'infusion théïforme de ses feuilles, stomachique.

CHÊNE.

Le *Chêne-Cyprès de la basse Navarre*, où il est indigène depuis des siècles, quoiqu'on l'y croie originaire d'Espagne, n'est connu à Paris et dans ses environs que depuis quinze à vingt ans : il fait un bel effet dans les endroits où on le plante, à cause que ses branches, en se rassemblant vers le tronc, lui donnent une figure pyramidale, comme au *Peuplier d'Italie*. Cette espèce ou variété de *Chêne* n'est cependant qu'un objet de pure curiosité.

CYPRÈS.

Mr. de Malesherbes, possesseur de deux beaux *Cyprès distiques de la Louisiane ou de Virginie à feuilles d'Acacia*, qui sont à peu près de la même date que ceux que j'ai vus au Monceau chez Mrs. du Hamel, vient de me communiquer (ce printems 1788) qu'ils ont donné des cônes en 1787, pour la première fois, mais encore vides de graines, accident qui arrive quelquefois aux premières fructifications des arbres exotiques (ceux du Monceau appartenant à Mr. Fougeroux de Bondaroy, en ont produit en 1786 : voyez son mémoire sur les *Cyprès*). Le terrein, ajoute t-il, le plus convenable à cette espèce de *Cyprès* doit être même inondé et couvert de roseaux. » J'ai, dit-il, sur cela » mon expérience, car c'est dans une tourbe » qui n'est bonne à rien, que sont mes deux » beaux *Cyprès distiques* ". On peut donc conclure de tout ce que m'écrivit cet illustre savant à ce sujet, qu'il faut à cet arbre un terrein humide et même léger, enfin de pure tourbe quand on en a.

Mr. Villars a adressé, de la nouvelle Orléans en Amérique à Mr. Thouin à Paris, quelques observations sur ce *Cyprès*, qui confirment qu'il ne réussit parfaitement et ne se montre en abondance que dans les terreins marécageux et noyés, qu'on nomme *cyprières* : il dit que son bois est employé avec succès pour les mâtures et doublages des vaisseaux de guerre ; que sa qualité de se conserver en terre ou dans l'eau, le rend précieux pour les pilotis ; qu'il est un des meilleurs bois connus pour la charpente, et même qu'il est incorruptible, etc.

J'ai cru cette addition essentielle pour les cultivateurs qui ont de pareils terreins et qui sont assez zélés pour enrichir leur patrie d'une production aussi utile.

Le *Cyprès de Mariland* ou *Thuyoide* (voyez le mémoire cité plus haut) n'a pas dans son bois les qualités qu'on reconnoît dans le précédent et son utilité n'en est pas aussi immédiate.

CYTISE.

Depuis l'impression de cet article, j'ai fait couper un *Cytise des Alpes*, qui avoit plus d'un pied de tour ; mon menuisier en a trouvé le bois veiné, dur et même plus beau que celui de *Noyer*.

ERABLE

Le mémoire intéressant de Mr. Fougeroux de Bondaroy sur les *différentes espèces d'Erables* que je viens de lire, avec le plus grand plaisir, m'a obligé de revenir sur le genre de ces arbres, par l'intérêt dont sont les observations judicieuses de ce savant Académicien : en voici quelques extraits intéressans.

L'Erable-plane ou *Plane* a deux variétés, l'une *à feuilles panachées* et l'autre *à feuilles laciniées et frisées*, ou *de persil* ; cette dernière est plus singulière que belle, et ne peut se multiplier que par la greffe. » Il est encore douteux, dit le mémoire d'où j'ai tiré cette addition, si ce n'est pas une espèce distincte. » Voyez ce que j'ai dit de cet *Erable* à l'art. *Erable*.

L'Erable commun, *champêtre* ou *des bois*

varie beaucoup; il y en a *à fruit rouges*, *à feuilles plus grandes*, *à feuilles panachées*, etc. Mr. Villars a envoyé de l'Amérique, à Mr. Thouin, une espèce ou variété, voisine de l'*Erable champêtre*, qu'il a nommé *Acer crispum*, parce que les fibres du bois sont croisées; il est, ainsi que l'*Orme tortillard*, beaucoup plus dur et n'a point de fil. Cet *Erable*, dit Mr. Fougeroux, a été observé dans la haute-Alsace.

L'*Erable à feuilles rondes* ou *de Mahon* est regardé comme une espèce ; c'est l'*Opale* des Italiens, dont les graines, dit Miller, de ceux qu'on cultive en Angleterre, ont été apportées d'Italie, où il s'élève plus haut qu'aux environs de Paris, où on s'est efforcé de le faire réussir. On en est redevable en France à Mr. Richard, qui l'a apporté de Mahon : il se plaît assez dans les terreins secs, sur-tout à l'exposition du midi ; il pousse plus tard que la plupart des autres *Erables* ; sa feuille prend une couleur rouge pendant l'automne, et son fruit conserve long-tems cette même couleur.

L'*Erable à trois feuilles* ou *Erable trilobé*, plus connu sous le nom d'*Erable de Montpellier*, parce qu'il a été découvert dans les environs de cette ville sur la montagne de *Valena*, devient un très-grand arbre dont le bois paroît propre à être employé très-avantageusement. Mr. Fougeroux l'a reçu de l'île de Corse, où il forme un grand arbre et d'où peut-être, dit ce savant, il aura été transporté en Languedoc. D'après les comparaisons qu'il en a faites, il ne doute pas que ce ne soit à cette espèce qu'il faut rapporter l'*Acer sempervirens* de Linné et que cite Miller, Nº. 11, qu'il dit venir d'orient.

Le même savant possède, depuis quelques années, une variété de cet *Erable tribolé*, qu'il a recu du jardin de Blois, et qui lui paroît susceptible de parvenir à une grande hauteur.

L'*Erable de Crète*, d'après les recherches judicieuses de Mrs. Thouin et Fougeroux, peut être considéré comme une variété du précédent, qui en offre plusieurs.

L'*Erable rouge de Virginie*, que j'ai décrit à l'art. *Erable* sous le Nº. 5, parvient à une grande hauteur ; Mr. de Malesherbes en a fait abattre quelques grands dans sa tetre, ainsi que de ceux *à feuilles de Frêne*, dont je dirai aussi un mot dans cette addition. Mr. Fouge-

A a 4

roux a fait travailler de ces bois en menuiserie : » ils sont, dit-il, très-unis, blancs, quoique veinés et forment les plus beaux placages ;
ils se prêtent à toutes les coupes, et ne lui
ont pas paru sujets à s'éclater, etc. ». Ainsi
par son bois, ils sont très-utiles et par leur
feuillage fort agréables, sur-tout l'*Erable rouge*
qui a ses feuilles d'un verd luisant en-dessus
et d'un blanc argenté en-dessous, et fort minces. Les graines de ce dernier mûrissent vers
la fin d'avril, et en les semant alors on est
plus certain de leur réussite et on gagne une
année. Cette espèce a deux variétés connues
et cultivées sous le nom de *mâle* et de *femelle* ; les fleurs paroissent avant les feuilles,
et sont grouppées sur le bois des deux côtés
des boutons à feuilles ; l'*Erable femelle* a les
feuilles plus petites, et elles ne rougissent pas
pendant l'automne, On les démontre, dit l'*intéressant mémoire* que je continue à extraire,
au jardin du Roi, à Paris, sous les phrases
d'*Acer rubrum mas*, et d'*Acer rubrum fœmina*
et l'*Erable de Charles Wager* sous le nom tri-
vial d'*Acer rubrum tomentosum*, à cause que
ses feuilles sont couvertes d'un duvet fin,

Enfin, je crois avoir déja dit que l'*Erable rouge* venoit bien dans les massifs, en avenues, sur-tout dans un terrein humide qui est celui qui lui convient le mieux : les deux, qu'on voit en montant à la touffe des *Peupliers d'Italie* sur le rempart, en face d'une des allées du parc de Bruxelles, sont de cette espèce, et non de celle de l'*Erable à fleurs* ou de *Charles Wager*, ainsi que je l'ai dit par erreur, à l'art. *Erable* de cet ouvrage, qui paroît être, dit Mr. Fougeroux, une espèce distincte.

L'*Erable à sucre* ou *Erable-plane de Canada* ne prend de greffe que sur le *Sycomore* et sur l'*Erable rouge*; il décore bien les endroits où on le plante, sur-tout par l'éclat de ses feuilles qui deviennent d'un rouge vif et frappant pendant l'automne. On en prendroit une fausse idée, dit Mr. Fougeroux, si on s'arrêtoit à ce que Linné dit de l'*Acer saccharinum* qui le compare à l'*Acer rubrum* : il paroît plutôt que c'est le *Spicatum*, *Erable de Pensilvanie* ou *à épi* qu'il a eu en vue sous le nom de *Saccharinum*.

L'*Erable* N°. 7 de cet ouvrage n'est point l'*Erable de Pensilvanie* proprement dit, mais bien l'*Érable strié*, ou de *Canada à écorce jaspée* (en latin *Acer striatum*) ainsi la description que j'en ai donné, doit se rapporter à ce dernier, qu'on peut reconnoître facilement, en ce que cet *Erable* a les feuilles très-grandes, et à trois lobes, terminés en pointe, l'écorce veinée de verd et de blanc, et en ce qu'il porte de longues grappes de fleurs, au lieu que le vrai *Erable de Pensilvanie* ou *à épi* (en latin *Acer spicatum*) croît particulièrement dans la contrée dont il porte le nom, et est même, dit encore Mr. Fougeroux, un des plus délicats de ce genre; ses feuilles sont dentelées et terminées par trois grands lobes pointus, dont celui du milieu est plus alongé; ses fleurs sont disposées en épis, qui se tiennent droits; il ne paroît pas parvenir à une grande hauteur, il en est de même de l'*Erable jaspé*.

J'ajouterai à ce que j'ai dit de l'*Erable à feuilles de Frène*, sous le N°. 4 de cet ouvrage, art. *Erable*, qu'il vient très-vîte dans les terreins humides, et que son bois est très-beau et même d'une première qualité. Voyez plus haut ce que j'en ai rapporté à l'addition de l'*Erable rouge*, d'après le mémoire de Mr. Fou-

geroux. Cette espèce a aussi deux individus,
le *mâle*, *Acer negundo mas*; et la *femelle*,
Acer negundo fœmina.

Quant à l'*Erable de Tartarie*, qui porte le
nom de la contrée où il croît naturellement,
je ne saurois mieux le faire connoître qu'en employant presqu'en entier la description de Mr.
Fougeroux. Cet *Erable* parvient à une hauteur
médiocre et ne semble pas devoir être d'une
grande utilité; jusqu'à présent il n'est encore
propre qu'à décorer les bosquets : il n'y a aussi
que douze à quinze ans au plus qu'on commence à le posséder en France, et dans ce pays ce
n'est que depuis peu de tems que quelques curieux en ont dans leurs jardins : selon Mr. Pallas, il se plaît dans les terres humides; c'est aussi
dans cette position que Mr. Fougeroux le conserve haut de douze à quinze pieds et qu'il
fleurit et graine; on peut le multiplier par les
branches qu'il pousse au pied et qu'on éclate,
lorsqu'elles commencent à avoir des racines;
L'écorce de cette espèce est unie, d'une couleur rougeâtre, ses feuilles sont en cœur finement dentelées et d'un beau verd, ses fleurs
sont blanchâtres, en grappes droites, com-

posées, comme dans presque toutes les autres espèces, de fleurs mâles et de fleurs herma- phrodites et d'autres femelles; les ailes sont rapprochées sur le fruit; elles ont une teinte rouge dans le commencement de leur maturité.

Les curieux, qui voudront en apprendre davantage sur le genre des *Erables*, sont priées de consulter le savant mémoire d'où je viens de tirer ces petits extraits.

F A U X - A C A C I A.

En parlant de ce bel arbre, j'ai oublié de dire ou de faire remarquer qu'il en existoit deux fort beaux dans les deux petits massifs qui sont dans le millieu du parc de Bruxelles oú l'on pourra juger de la beauté de cet arbre et de son prompt accroissement.

M I C O C O U L I E R.

Mr. Villars a aussi mandé de la nouvelle Orléans, à Mr. Thouin que le *Celtis ameri- cana* s'y trouvoit sous le nom de *Charme de la Louisiane*, où il n'est d'usage que pour le chauffage; il ne s'élève que de vingt-cinq à trente pieds, son diamètre est de dix-huit à vingt pouces ; son aspect n'a rien d'agréable et il se plaît dans les lieux sombres et humides des forêts : est - il celui découvert par le P. Plumier, ou est-il une espèce différente? c'est ce que j'ignore.

MURIER.

Il n'est pas indifférent d'ajouter à ce que j'ai dit du *Mûrier-à-papier*, l'essai heureux qu'en a fait en France Mr. le Breton, qui a présenté à la société d'agriculture de Paris, des échantillons de papier fabriqué avec l'écorce retirée des jeunes pousses de cet arbre: » Les ouvriers, dit-il, qui ont fait cet essai, » ont regardé les matériaux comme très-pro- » pres à être employés avec beaucoup d'a- » vantage, et cette expérience est une nou- » velle preuve de l'utilité qu'on retireroit de » la culture faite en grand de cette espèce » de *Mûrier*.

NOYER.

Mr. Thouin, par sa correspondance avec Mr. Villars, nous fait connoître que le *Noyer pacanier* se plaît dans les terres meubles et plutôt sèches qu'humides, qu'on le trouve par-tout sur les rives du Mississipi, qu'il est abondant aux Islinois, qu'il s'élève toujours très-droit à une grande hauteur, que son tronc n'est pas difforme, quoiqu'il n'excède jamais seize à dix-huit pouces de diamêtre, que son feuillage est touffu, d'un beau verd et qu'il offre une ombre douce et agréable, que son fruit est plus petit et plus délicat que les noix, et qu'enfin son bois, coupé verd ou séché convenablement est employé avec avantage.

PECHER.

On peut consulter la *dissertation sur le Pêcher* par Mr. Buc'hoz, rélativement à une nouvelle espèce de *Pêcher à fruit applati* qui est venu de la Chine en France.

PLAQUEMINIER.

Cet arbre, mande Mr. Villars, végète et reste toujours maigre dans les lieux secs et découverts; c'est à cause de cela, comme je crois, que sa végétation n'est pas satisfaisante dans le jardin botanique de Louvain, d'autant qu'il se plaît et ne réussit parfaitement, en

Amérique, que dans les endroits sombres et humides des forêts basses et épaisses ; il ne s'élève cependant qu'à trente pieds de hauteur et le diamêtre de son tronc ne s'étend qu'à douze et quatorze pouces, et son bois ne doit être regardé que comme un bois propre à un service pressant et momentané.

PLATANE.

Comme j'ai indiqué (à l'art. *Platane* et à l'art. *Liquidambar* ou *Copalme*) quelques propriétés médicinales de ces arbres, je ne puis me dispenser de rapporter, dans cette addition, celles que Mr. Villars vient de faire connoître à Mr. Thouin, savoir que la décoction de leurs racines est mise en usage avec succès à la nouvelle Orléans, où ils croissent par-tout, pour la fomentation des ulcères et dans les flux dissentériques, il faut alors en boire abondamment, et que la gomme de *Copalme* prise en bols et la décoction des fleurs et des bourgeons ont opéré des guérisons inattendues dans les cas d'ulcère ou de maladie de poitrine.

Fin des Additions.

TABLE

DES MATIERES

Contenues dans ce premier volume.

Tome I.   B b

TABLE DES MATIERES.

Fin de la table du premier volume.